良いFAQの書き方

Frequently
Asked
Questions

ユーザーの「わからない」を解決するための文章術

樋口恵一郎
Keiichiro Higuchi

技術評論社

本書は、小社刊の以下の刊行物をもとに、大幅に加筆と修正を行い書籍化したものです。

- 『WEB+DB PRESS』Vol.116 一般記事
  「わかりやすいFAQの書き方――システムで処理しやすく，ユーザーに読みやすい！」

はじめに

本書は、良いFAQの書き方をやさしく解説した本です。

「よくある質問」という言葉は、たいていの人が見知っていると思います。一般企業や自治体、学校(以下、総称して企業と呼びます)のWebサイトには必ずと言ってよいほど「よくある質問」を集めたサイトがあるからです。「よくある質問」のことをFAQと呼び、それを集めたサイトがFAQサイトです。

本書を手に取ったみなさんは、きっとこれまでにFAQサイトにアクセスしたことがあるか、またはFAQサイト制作にかかわったことがあるはずです。その際にきちんと目的は果たせたでしょうか。FAQで問題は解決できたでしょうか。あるいはユーザーに役立つFAQは作れたでしょうか。

統計によると、FAQでユーザーが問題を解決できている割合はだいたい3人に1人以下とたいへん低いことが知られています。みなさんの実体験でも同じようなイメージだと思います。

FAQがあまり役に立っていない状態は、企業にとっては喫緊の課題です。FAQが役に立たないので、コールセンターを利用するユーザーはあいかわらず多いようです。コールセンターのコストはもちろんのこと、FAQサイトへの最新システム導入にも莫大《ばくだい》な経費がかかっています。にもかかわらずユーザーの問題自己解決率はあまり増えていません。ユーザー側からしても、役に立たないFAQは迷惑です。せっかく探し回ったのに問題を解決できず、結局コールセンターに電話することになれば、貴重な時間を無駄にした気分になります。

本書では、FAQがユーザーに解決をもたらさない原因であるFAQそのもの、つまりFAQの文の質に特に注目しています。

インターネット・Webサイト・FAQシステムは、ユーザーにとってはツールにすぎません。ユーザーが求めるものはFAQです。もしそのFAQの文が稚拙でわかりにくく、誤解しそうで信じられなくて、文字が多くて、言葉が難しくて読むのも嫌になるようなものなら、ユーザーが役に立たないと思うのは当然です。

質の低いFAQの典型が次のようなものです。

Q： ログインできない。
A： パスワードを忘れた人はこちらでお手続きください。

だれでも目にするこのFAQはなぜ質が低いのか、どう書きなおせばよいかは、本文を読めばはっきりわかります。

ごく普通に書いてしまいそうで実はあまり役に立たないFAQが、ほとんどの企業のFAQサイトで見られます。本書を読みそれに気付いた企業の担当者は、すぐに書きなおしたくなるでしょう。質の低いFAQは、ユーザーの問題も企業の課題の解決もできないだけではありません。企業のイメージをおとしめている可能性もあるのです。

本書は、ほかのFAQに関する書籍があまりページを割かなかったFAQの文についてクローズアップします。FAQの質とはなにか、質の低いFAQを質の高いFAQに改善する方法、質が高いことで生まれるWebサイトやFAQシステムへのメリット、そして経営メリットなどを述べます。豊富なサンプルや改善例も提示しながら、具体的に理解できるようにしています。読むだけでも理解できますが、本書のサンプルをまねしながらすぐにでもFAQの改善を実践できます。

本書で述べるFAQの書き方は、現在カスタマーサポートに携わっている方々のみならず、システム担当者・エンジニア・一般職の方々も無理なく習得できます。システムやAI（*Artificial Intelligence*、人工知能）を改良するような時間やお金はかかりません。本書を読みながらすぐに始められます。企業とお客さまの利益を追求する立場の経営層や管理者にも読んでほしい内容になっています。

なお、本書はFAQを特に取り上げていますが、文の書き方という点においては、本書の解説やサンプルはWebページの書き方・ビジネスメールの書き方・レポートの書き方・チャットの書き方にも十分参考になると思います。

謝辞

本書を刊行するにあたり、取材への協力を賜りました方々へ心より感謝申し上げます。取材を通じて記載内容への論証と安心感をもって出版できること、心からうれしく思います。取材協力いただいた方々への謝辞に代えて、会社名・お名前をご紹介させていただきます。

（会社名アルファベット順）

ベルシステム24ホールディングス株式会社 執行役員
長谷部 英則氏

CXMコンサルティング株式会社　代表取締役社長
秋山 紀郎氏（NPO法人コンタクトセンターおもてなしコンソーシアム 理事）

株式会社イースマイル 代表取締役CEO
斉藤 勝氏（NPO法人コンタクトセンターおもてなしコンソーシアム 代表理事）

株式会社エクサウィザーズ
AIプロダクト事業部DXプロダクト部Qontextualグループ　グループリーダー
チャンドマニ ドルジナムジル氏

イナゴ株式会社　代表取締役
ロン・ディカールアントニオ氏

イナゴ株式会社　取締役
風見 清司氏

イナゴ株式会社　取締役
前田 あき子氏

株式会社オウケイウェイヴ　製品企画部 部長
木村 恵介氏

株式会社オウケイウェイヴ　ソリューションビジネス本部 本部長
佐野 浩太郎氏

日本オラクル株式会社　クラウド・アプリケーション事業統括
CX ソリューション・エンジニアリング本部
シニアセールスソリューションエンジニア
志茂 明日香氏

テクマトリックス株式会社
CRMソリューション事業部 ナレッジソリューション推進室 室長
北 真幸氏

テクマトリックス株式会社
CRMソリューション事業部 ナレッジソリューション推進室 室長代理
鵜澤 昭宏氏

本書刊行にあたり、細やかな助言と編集に心を砕いていただいた技術評論社編集部の池田大樹氏に心よりお礼申し上げます。

お互いに支え合い、これからもともに質の高いコンテンツとシステムを追求するために刺激を与え続けてくれる髙橋庸訓氏に心より感謝します。

そして、私自身を平和にしてくれる家族に心からありがとうと伝えます。

本書の読み方

本書は必ずしも第1章から読む必要はありません。最も気になる章から章にたどりながらお読みください。

用語説明

わかりやすく読んでいただくために、本書で使われている言葉や言葉どうしの関係について説明します。

- FAQ
  FAQ(*Frequently Asked Questions*)の略なので本来はQ(Question)だけを指していますが、QとAの一対という意味で使われることが多いので本書でもこの意味で利用しています。
- QとA
  FAQの要素である、Q(質問)とA(回答)そのものです。文脈上あえてQの文・Aの文、あるいは質問文・回答文と表している箇所もあります。
- FAQを書く
  FAQを作文することです。キーボードでFAQを作文する場合も、本書では「FAQを書く」と表しています。文脈に応じて「Qを書く」「Aを書く」「質問文を書く」「回答文を書く」と表している場合もあります。
- FAQサイト
  企業が、FAQを公開しているWebサイトです。ユーザーは困りごとを解決する目的でアクセスします。本書内では単に「サイト」と表すこともあります。
- コンテンツ
  FAQのことですが、FAQシステムに対してその中身という意味で対比的に表しています。
- 推敲《すいこう》
  FAQをより良くするための文の書きなおしや再編集を、本書では推敲と表しています。
- FAQシステム
  ユーザーがFAQを検索するサポートをしたり、FAQ制作者がFAQを分析・管理するのをサポートしたりするソフトウェアを表します。多くのFAQサイトではFAQシステムを導入しています。
- チャットボット
  LINEのようなチャット式インタフェースで、ユーザーがシステムと対話しながらFAQにたどり着くしくみです。
- AI(*Artificial Intelligence*、人工知能)
  本来の意味は、自己学習して賢くなる人工知能システムのことです。本書では、最近世の中でAIと呼ばれている利用者データ情報検知・収集・分析システム・ユーザーインタフェースのことを表します。

- **企業**

本書では、一般企業・官公庁・地方自治体・団体・学校の総称として表しています。

- **ユーザー**

企業の製品やサービスを買ったり利用したりしているお客さまです。本書では「ユーザーがFAQを探す」「ユーザーが理解する」「ユーザーが自己解決する」のような言葉の使い方をします。

- **FAQベンダー**

FAQサイトやFAQシステムを提供し維持管理する会社です。本書内では、システムベンダーと表す場合もあります。

- **FAQ制作者**

FAQの準備・公開・更新・分析・メンテナンスなどの一連の運営をしている立場の人たちを総称してFAQ制作者と表します。

FAQの表記

本書では、FAQのサンプルを以下のように表記します。

Before

Q: 送料無料について。

After

Q: 送料が無料になる商品を教えて。

改善前のFAQは灰色の枠、改善後のFAQは黒色の枠で表現しています。また、改善前・改善後双方の例を書いている場合は、Before、After の装飾を入れています。

はじめに……iii
謝辞……iv
本書の読み方……vi
目次……viii

第1章 FAQはなぜ重要なのか……1

1.1 FAQの存在意義 2

お客さま向けFAQサイトとして……2

カスタマーサポートにかかるコストの課題を解決する／顧客満足度と企業評価を上げる／オペレーターのストレスを緩和する／ユーザーの負担を減らす

内部用FAQサイトとして……4

企業内での情報共有で生産性を上げる／社内業務での時間の使い方を改革する

1.2 現実のFAQは存在意義を出せているか 6

FAQサイトに関する残念な統計……6

FAQサイトの課題を解決する鍵……6

1.3 FAQの質を高める 7

質の高いFAQと、質の低いFAQ……8

FAQの質を高める要素……9

文の書き方／検索されやすさ／カテゴリ／分析とメンテナンス／FAQシステムとの相互依存／FAQに携わる人たち

1.4 FAQサイトの改善に関わるコスト 12

コストの簡単な計算方法と代表的な計算式……12

FAQ改善にしっかり予算をとるべき理由……12

1.5 FAQの失敗例と成功例 13

失敗の実例……13

FAQが多すぎるサイト／わかりにくすぎるサイト／稚拙な日本語のサイト

成功の実例……15

FAQを見つけられる率が30%以上も向上した実例／チャットボットが活かされた実例／コールセンターのナレッジに活かされた実例

第2章 FAQを書くための基礎知識

第2章 FAQを書くための基礎知識 …… 17

2.1 質の高いFAQの条件 18

ユーザーが読んで理解できること …… 18
ユーザーに信頼されること …… 19
ユーザーが迷わず取捨選択できること …… 19

2.2 質の高いQ 20

質の高いQの具体的な目的 …… 20
質の高いQの基本 …… 21
解決案を示すこと／「問題+解決案」の文体になっていること／必ずQの基本文体で書くこと
質の高いFAQ一覧 …… 22
視認性を意識すること／視認性の高いFAQ一覧にすること

2.3 質の高いA 24

質の高いAの具体的な目的 …… 24
質の高いAの基本 …… 25
ユーザーが最後まで読めること／ユーザーが理解できること／ユーザーの安心感を得ること

2.4 質の高いQとAに共通する文 26

一問一答にする …… 26
一意の文にする …… 26
6W1Hにする …… 27
文のかかり受けに気を遣う …… 27
用語、言葉遣いを統一する …… 28
略称を活用する …… 29
短文化する …… 29

2.5 FAQコンテンツの準備 30

対象となる原稿 …… 30
すでにあるFAQを推敲する／分析レポートをもとにFAQを書く／コールセンターでの対応履歴からFAQを書く／マニュアルをもとにFAQを書く
公開するFAQの選抜 …… 31
ユーザーターゲットによる選抜／利用者の問い合わせ数による選抜

column こんなFAQは掲載しなくてよい …… 32
パレートの法則による選抜

2.6 FAQを書く前の基本的な心構え 34

FAQを書く専任者と品質責任者を任命 34
FAQのレビュー 35
FAQの質を上げていく運営の継続 35
FAQは商品やサービスと同じだという意識 35
ユーザーへの思いやり 36
FAQを育てる意識 36
ガイドラインの制定 37
FAQ運営関係者全員の協調 37

2.7 FAQの存在意義を見える化しておく 38

見える化＝数値化 38
KPIの種類 38
　回答到達率／問題解決率
KPIの数値目標 39
　KPIの目標値とFAQ運営のサイクル
飽くなき高品質化の追及と継続 40

第3章
Qの書き方 41

3.1 Qで解決への道筋を作る 42

良くないFAQの例 42
このケースでの問題点 43
改善ポイント 43
Before、After 44
まとめ 46
改善してみる 46
　改善前／改善後

3.2 Qの書き方でAを端的にする 47

良くないFAQの例 47
このケースでの問題点 48
改善ポイント 49
　ユーザーが知りたいことをQに盛り込む／6W1Hを意識する
Before、After 52

まとめ …… 54
改善してみる …… 54
改善前1／改善後1／改善前2／改善後2

3.3 Qの文に誤解の余地を作らない 55
良くないFAQの例 …… 55
このケースでの問題点 …… 56
改善ポイント …… 57
Before、After …… 58
まとめ …… 60
改善してみる …… 60
改善前1／改善後1／改善前2／改善後2

3.4 QをYes/Noクエスチョンにしない 62
良くないFAQの例 …… 62
このケースでの問題点 …… 63
改善ポイント …… 63
Qに解決案を明示する／ネガティブな回答の場合の記述方法
Before、After …… 66
まとめ …… 68
改善してみる …… 68
改善前／改善後

3.5 Qを読む人の立場に配慮する 70
良くないFAQの例 …… 70
このケースでの問題点 …… 71
改善ポイント …… 71
Before、After …… 73
まとめ …… 75
改善してみる …… 75
改善前／改善後

3.6 Qのリストで視認性を高める 77
良くないFAQの例 …… 77
このケースでの問題点 …… 78
改善ポイント …… 78
言葉遣いに一貫性を持たせる／一貫性があるので目立たせることができる
視認性の要素 …… 81

言葉の統一／パターン化／インデックス化／異形化
Before、After 84
まとめ 86
改善してみる 86
改善前／改善後

3.7 Qのリストで粒度をそろえる 88
良くないFAQの例 88
このケースでの問題点 88
改善ポイント 89
Before、After 91
まとめ 93
改善してみる 93
改善前／改善後

3.8 Qの文のさまざまなアイデア 94
専門用語・技術用語を使う場合のアイデア 94
ユーザーからのお叱りなどを減らすアイデア 95
長くなったQの文をシェイプアップするアイデア 97
単語と構文での短縮／記号・シンボルの活用による短縮／質を上げつつ短文にしていく

第4章
Aの書き方 101

4.1 Aの中で場合分け（条件分岐）をしない 102
良くないFAQの例 102
このケースでの問題点 103
改善ポイント 103
Before、After 104
まとめ 107
改善してみる 107
改善前／改善後

4.2 Aに情報を盛り込みすぎない 111
良くないFAQの例 111
このケースでの問題点 111

改善ポイント 112
Before、After 113
まとめ 115
改善してみる 115
改善前／改善後

4.3 AとQを一致させる 117
良くないFAQの例 117
このケースでの問題点 117
改善ポイント 118
Before、After 120
まとめ 121
改善してみる 122
改善前／改善後

4.4 Aには結論をまず示す 124
良くないFAQの例 124
このケースでの問題点 125
改善ポイント 125
Before、After 127
まとめ 132
改善してみる 132
改善前1／改善後1／改善前2／改善後2／改善前3／改善後3

4.5 Aで使うすべての言葉に配慮する 135
良くないFAQの例 135
このケースでの問題点 136
改善ポイント 136
6W1Hの文を作り上げる前後のシミュレーション 137
Before、After 140
まとめ 142
改善してみる 142
改善前／改善後

4.6 Aは箇条書きにする 144
良くないFAQの例 144
このケースでの問題点 144
改善ポイント 145

Before、After 146
箇条書きにするテクニック 147
改善してみる 149
改善前／改善後

4.7 Aでは装飾・記号は効果的に使う 150
良くないFAQの例 150
このケースでの問題点 151
改善ポイント 152
Before、After 153
まとめ 154
改善してみる 154
改善前／改善後

4.8 Aではリンクを効果的に使う 155
良くないFAQの例 155
このケースでの問題点 157
改善ポイント 157
まとめ 161

4.9 Aでは目視でもユーザーの理解を助ける 161
良くないFAQの例 161
このケースでの問題点 162
改善ポイント 162
イラストを駆使するテクニック 164
まとめ 165

第5章
FAQのガイドラインの作り方 167

5.1 基本事項 168
目的と目標を示す 168
ユーザーターゲットや利用デバイスを定める 169
ルールにしたがっているかをチェックする 169
作文ルール 170
FAQサンプル 171

5.2 FAQ(QとA)作文ルール 171

最大文字数 171

Qの最大文字数／Aの最大文字数

漢字、ひらがな 172

カタカナ、アルファベット 173

全角、半角 173

略語、通称 174

採用する略語を定める／新たに略語や通称を採用するときの採用基準を決める

文体・基本構文 175

Qの文体・基本構文のルール／Aの作文の基本的な作文ルールを決めておく

記号、特殊文字のルール 176

専門用語・技術用語・商品用語・サービス用語のルール 176

5.3 ガイドラインの管理 177

更新の見極めとタイミング 177

FAQ制作者と承認者 178

第6章 FAQのカテゴリの作り方 179

6.1 カテゴライズの重要なポイント 180

カテゴライズの検討 180

カテゴリタイトル 182

カテゴリの粒度 182

6.2 質の高いカテゴライズ 183

シンプルなカテゴライズを心がける 183

シンプルなカテゴリのアイデア／シンプルなカテゴライズの管理面でのメリット

質の高いFAQを書いておくとカテゴライズが容易 185

ユーザーが取捨選択しやすいカテゴリタイトルにする 186

ユーザー視点のカテゴリタイトルにする／カテゴリ配下のFAQの数／商品名やサービス名をカテゴリにするケース

取捨選択しやすいカテゴリの例 188

6.3 さまざまなカテゴリ構成 190

階層型カテゴリ構成 191

ユーザー目線の階層化／FAQにおけるユーザー目線／階層の深度は2階層まで

マルチカテゴリ構成 196

マルチカテゴリ構成とユーザー目線／階層型カテゴリ、マルチカテゴリ構成の組み合わせ

レコメンド型カテゴライズ 198

恣意的なレコメンドによるカテゴライズ／FAQを関連付けるにはFAQ分析が役に立つ

ソート型カテゴリ 199

ソート型カテゴリはQの文の構成が鍵

特別なカテゴリ 201

緊急カテゴリ／80%のユーザーが自己解決できるカテゴリ／カテゴリ不要なFAQ

第7章 FAQの分析とメンテナンス 203

7.1 分析とメンテナンスの基本 204

FAQを陳腐化させない 205

完璧なFAQを目指さない 205

FAQでユーザーの声を集める 206

質の高い分析の大前提は、質の高いFAQ 206

質が高いゆえに数が増えたFAQの課題 207

メンテナンスしやすさのためのスモールスタート 208

FAQのテーマをステップバイステップで増やす 208

分析とメンテナンスを継続する 209

7.2 分析値の種類と活用法 209

KPI 209

PV（FAQサイトの訪問者数）と直帰率／回答到達率と問題解決率／コールセンターでの分析値

ランキング 212

FAQのアクセスランキング／回答未解決ランキング／検索キーワードランキングとゼロ件ヒット／カテゴリランキング

column **売り上げにつながりそうな問い合わせランキング** 214

7.3 メンテナンスを継続しながらFAQを育てる 215

FAQを追加する 215

FAQを更新（推敲）する 216

標準単語を整理する／新しい言葉を取り入れる／ユーザーのリテラシーを標準単語にするときの注意／同義語辞書のメンテナンスもまめにする

FAQを削除する 219

ユーザーの時間を節約できる／FAQ制作者の時間を節約できる／運営コストを落とし利益に貢献できる

7.4 質の高いFAQはメンテナンスもしやすい 221

定型文は書くのも推敲もしやすい …… 221

6W1Hの文は、書くのも推敲も楽になる …… 221

用語を統一するとメンテナンスが早い …… 222

7.5 メンテナンスの次のステップ 222

分析値を比較する方法 …… 223

利益を比較する方法 …… 223

7.6 分析とメンテナンスの効率化 224

分析はシステムにやらせる …… 224

判断は人が行う …… 224

メンテナンスはシステムに手伝わせて人が行う …… 225

第8章 FAQ制作者が知っておくべきFAQシステムのしくみ …… 227

8.1 FAQシステムの導入目的とメリット 228

ユーザー向けの基本機能 …… 229

FAQの検索・絞り込み／FAQの閲覧／FAQの自動ランキング閲覧

FAQ制作者向けの基本機能 …… 230

FAQの管理／FAQの分析／FAQサイトのUI設定／アカウント・操作管理機能

FAQシステムの基本機能以外の機能 …… 231

Web検索からの導線とSEO対策機能／チャットボットなどのヒューマンライクなUI／CRMシステムとの連携

8.2 FAQシステムとFAQを活かす基礎知識 232

キーワード検索機能を活かす …… 232

テキストマイニングを利用する／キーワード検索の対象をQにする

複数単語でのキーワード検索機能を活かす …… 234

and検索／or検索

自然文検索と形態素解析について知っておく …… 235

自然文検索機能とは／自然文検索のチャットボットでの応用

同義語検索を活かす …… 237

同義語検索のしくみ／同義語検索の便利な使い方
複合的な検索を活かす 238
タグ付け機能を知っておく 239
タグ検索機能／SEOへの応用
カテゴライズ機能を知っておく 240
FAQ分析機能 241
さまざまな分析値の提示／分析機能のカスタマイズ／できる分析とできない分析

8.3 FAQシステムの採用 243
FAQシステム要件の整理 243
AI要件の検討のしかた 244
チャットボット／未来のチャットボットの要件
FAQシステム設置環境 246

おわりに 247
索引 249
著者プロフィール 253
奥付 254

第1章

FAQはなぜ重要なのか

FAQ(よくある質問)は、多くの人が持つ印象よりもはるかに存在意義があります。そういったFAQの存在意義を、まずは一通りまとめます。

1.1 FAQの存在意義

お客さま向けFAQサイトとして

企業の製品やサービスを購入したお客さま向けカスタマーサポートは、いまや標準的なサービスです。

カスタマーサポートの代表的存在の一つがコールセンターです。そこではお客さまからの電話やメールなどの問い合わせに、基本的には人(オペレーター)が対応しています。コールセンターはお客さまと企業が直接対話する「第2の営業」とも言えるので、その位置付けは極めて重要です。したがって、応対(対話)品質の向上に企業は真剣に取り組んでいます。

カスタマーサポートの代表的存在のもう一つは「よくある質問」、つまりFAQサイトです。商品やサービスに対する困りごとやわからないことをユーザー自身で解決(以下、自己解決)できるように、企業のWebページに設けられています。多くの人がインターネットに情報を求める昨今では、企業のほとんどがFAQサイト運営にも力を入れています。

カスタマーサポートにかかるコストの課題を解決する

カスタマーサポートの運営には、莫大《ばくだい》なコストがかかります。

カスタマーサポート全体のコストの大部分は、コールセンターの運営に関することが占めています。コールセンターでは、電話をかけてくるユーザーの数に比例してコストが膨らみます。ユーザー一人一人へ応答するため、オペレーターの人件費や電話代などの設備利用費などが積み上がっているためです。

もう一方のFAQサイトのコストは、システムの維持管理とコンテンツの管理が主で、人件費や設備利用費はコールセンターに比べるとあまりかかりません。利用ユーザー数もそれほどコストに影響しません。

上記2つのカスタマーサポートの比較で、ユーザーが困りごとやわからないことを解決ができている割合は、カスタマーサポート業界での一般認識ではおおよそ次のとおりです。

- コールセンター：70％
- Webページ(FAQサイト含む)：30％

この割合を見ると、カスタマーサポートに大きなコストがかかっている理由は、よりコストがかかるコールセンターへユーザーが流れていることが原因だとわかります。

それならば、コールセンターで対応しているユーザーの何割かでもFAQサイトでカバーできれば、カスタマーサポートの全体のコストは大幅に削減できそうです。これがFAQサイトの大きな存在価値の一つです(**図1-1**)。

顧客満足度と企業評価を上げる

商品やサービスに対して困りごとやわからないことがある場合は、多くのユーザーはまずマニュアル・企業のWebページ・FAQサイトで自己解決をしようとします。あとで述べますが、このことは統計上で示されています。

もしこの段階で自己解決できれば、ユーザーの満足度は高いはずです。またそういった体験のユーザーが増えるにつれて、企業の評価(満足度)も上がります。ひょっとしたら製品やサービスの売り上げも伸びるかもしれません。

言うまでもなく、顧客満足度(CS：*Customer Satisfaction*)の向上は企業の

図1-1　カスタマーサポートの対応割合とコストとの関係

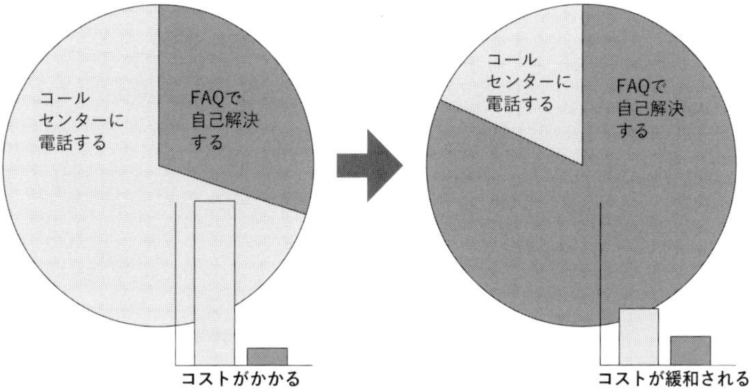

大命題です。FAQサイトには、顧客満足度を高めて売り上げを伸ばすという存在意義もあります。

オペレーターのストレスを緩和する

困りごとやわからないことを電話やメールでコールセンターに問い合わせるユーザーは多くなっています。中には、高圧的な人や感情的になっている人もいます。そういった人たちも含めてすべてのユーザーに対して、オペレーターは手厚い対応をしています。

次々にかかってくる生のお問い合わせへの気遣いから、オペレーターのストレスも増えます。そのため離職率が高く、慢性的な人手不足に悩んでいるコールセンターは多いです。もし多くのユーザーがFAQサイトで自己解決できるようになれば、電話をする必要がなくなるので、コールセンターのコール数はしだいに逼迫《ひっぱく》しなくなります。

FAQサイトは間接的にオペレーターはじめコールセンター従事者のストレスを緩和することになります。こういった企業側で働く人を助けるという存在意義も、FAQサイトにはあります。

ユーザーの負担を減らす

ユーザーが企業のWebページやFAQサイトで問題の解決を得られずに、結局コールセンターに電話することが多いことを述べました。

ところがコールセンターに電話しても、電話の時間帯は限られる、「たいへん混み合っております」と言われる、わかりにくい自動音声の相手をしなければならないなど、いくつかの面倒があります。そして電話がつながったら、オペレーターにあらためて困りごとを説明しなければなりません。

FAQサイトでユーザーが自己解決できる場合と解決できずにコールセンターに電話しなければならない場合では、ストレスや手間は雲泥の差です。二度手間なので無駄なコストと言えます。

このようにユーザーのストレスやコストを減らすという存在意義も、FAQサイトにはあります。

内部用FAQサイトとして

FAQは企業がお客さま向けに公開しているものだけではなく、企業内の従業員向けにも存在します。たとえば業務知識や事務手続きなどを共有ナレッジとしてFAQという形で共有すれば、時間も空間を飛び越えて活用できる会社の財産になります。こういったFAQの多くは「ヘルプデスク」と呼ばれるなどして、社内ネット上に限定して公開されます。

またコールセンターでも、お客さまの対応用にオペレーター自ら用いるナレッジとして存在しています。

企業内での情報共有で生産性を上げる

企業内のFAQは、生産性を上げるという存在意義があります。

業務知識のナレッジという形での管理はナレッジマネジメント（KM：*Knowledge Management*）と呼ばれ、多くの企業が推し進めています。

業務知識のナレッジ化と共有化がされていない場合、企業の大切な情報はどこかの部門が管理する「フォルダ」か、だれかの頭の中の奥深くに存在するだけになります。それらの情報を必要な人は、それを自力で探したり人に尋ねたりするしかありません。

ナレッジマネジメントは、そういった情報を企業内関係者全員で共有できるようにデータベース、FAQの形で社内ネットワークに公開し管理することです。

ナレッジアセット（財産）マネジメント（KAM：*Knowledge Asset Management*）という考え方もあります。つまり業務知識は企業内の従業員各個人が保持しているものではなく、皆が役立つ「全員の財産」として従業員すべてが活用できるのです。

社内業務での時間の使い方を改革する

「働き方改革」という言葉が言われはじめて久しいですが、従業員の効率的な時間の使い方を考えるには、まず無駄な時間の抽出と削減が先決だと思います。

たとえば「新しいパソコンのセットアップ方法教えてください」や「入館カードの再発行手続きってどうやるんでしたっけ？」といった、まさによくある小さな質問でも、組織全体のあちらこちらの部署で繰り返されれば無駄な時間も膨大になります。

こういったものを集めたよくある質問のFAQサイトが整備されていれば、尋ねる人と尋ねられる人2名分の無駄な時間を省けます。

企業内のFAQは、効率的な「働く時間」の使い方ができるという存在意義があるのです。

1.2 現実のFAQは存在意義を出せているか

ここまで述べてきたとおり、一般ユーザー向けでも企業・組織内部用でも、FAQサイトやナレッジの重要性は高く、確実に利益と幸せを増やせる存在意義があります。

さて、現実のFAQサイトはその期待に応えているのでしょうか。

FAQサイトに関する残念な統計

商品やサービスに関する困りごとやわからないことを、私たちはFAQサイトだけ解決できているでしょうか。感覚的には、どちらかと言うとコールセンターに頼ることが多いのではないかと思います。お客さま向けのFAQサイトに関する実際の統計が、私たちの感覚を裏付けています。

『コールセンター白書2020』によると、「コールセンターに電話する前に、その会社のホームページの『よくある質問集』などを見たか」という調査では、約51〜73%(業種によっても差があります)の人がYESと答えているようです[注1]。つまり、コールセンターに問い合わせてきた人の中には、「実は電話する前にWebページでFAQを調べようとしたが解決できなかった。それでしかたなく電話した」という人が100人のうち51〜73人もいるのです。

多くのユーザーが能動的に解決を求めてきているのに、FAQサイトは大半のユーザーの期待に応えられていないということです。

FAQサイトの課題を解決する鍵

FAQサイトの残念な現実ですが、その原因と解決の鍵はなんでしょうか。

注1 『コールセンター白書2020』リックテレコム、2020年、pp.139-153

ずばり言うと、原因はFAQの文です。FAQの文の質が低ければ、ユーザーの問題解決に役立たないのは当然です。ユーザーはFAQの質問文と回答文を求めてサイトを訪れるのですから。

文の質を高めることが解決の鍵です。そのように考える理由を以下に述べます。

企業の多くは、大きな投資をしてFAQサイトの改善をするのに積極的です。サイトへの導線やデザインの改良、FAQシステムやチャットボットの導入、さらに自己学習型の「AI」と銘打った高価なシステムの導入を進めています。にもかかわらずFAQサイトが役に立たないとすれば、残る原因はコンテンツしかないと思います。

FAQサイトの周辺環境やシステムについては、システムベンダーというプロの手で対応されています。では肝心のコンテンツであるFAQを書いたり編集したりしている方々もプロかというと、実はコールセンターに従事する方々です。確かな裏付けのない自己流でFAQを書いているとすれば、文の質が低く、ユーザーが自己解決できるレベルではないかもしれません。

実際に多くのFAQサイトを見ても、やはり基本的な作文に問題があったり、ユーザーの視点で書かれていなかったり、質問に対しての回答という当たり前の形になっていなかったりと、首をかしげるものがとても目立ちます。

ただ誤解しないでいただきたいのですが、コールセンターに従事する方々がFAQを書いているから質が低いというわけではありません。FAQにはFAQの書き方があります。確かな裏付けのある書き方を習得したうえで書いたFAQを掲載すればよいだけです。そしてFAQの書き方を習得できるとしたら、コールセンターに従事する方々が最もふさわしいと思います。

1.3 FAQの質を高める

FAQに関して、文の質とはなんでしょうか。また文の質とユーザーの自己解決との関係はどのようなものでしょうか。

質の高いFAQと、質の低いFAQ

FAQに関して、質の高い文と質の低い文は明確に区別できます。

たとえば、あなたはABCカードというクレジットサービスの会員だとします。あなたは大切なABCカードをどこかで紛失したのに気付いて、とても慌てています。そんなとき、次のどちらのFAQをクリックしたいですか。

Before

Q1：ABCカードをなくしたのですが。

After

Q2：ABCカードを紛失したので、不正利用されない手続きを教えて。

Q1よりもQ2のほうを選ぶと思います。

また上記の質問の回答(A)としては、次のどちらが好ましいですか。

Before

A1：いつもABCクレジットカードサービスのご利用ありがとうございます。ただいまABCショップでは夏のご紹介キャンペーンを行っています。
お客さまが紛失された状態についてお客さまの対応が異なります。外出先で紛失された場合はすぐに最寄りの警察にお届けください。
（略）
自宅内で紛失された場合はもう一度よく探したうえで、見つからない場合は、カードの使用停止をすることをお勧めします。カードの不正利用を未然に防止するためです。カード不正利用されないようにこちらにお電話ください。

0120-xxx-xxx（月～土、8:30～21:30）

なおカードの再発行に関してはこちらにてお手続き可能です。
https://abcabc.example.co.jp/card/saihakko
（略）

After

A2：不正利用防止のため、ABCカードの無効化手続きがすぐにできます。下記サイトで必要事項を正確に入力してください。

［カード無効化］

お届けのメールアドレスに、無効化完了通知が来たら無効化完了です。

A1よりもA2のほう好ましいとあなたは感じるでしょう。すぐ読めて実行に移せそうだからです。

このように文は、その書かれ方によって良し悪しがあります。表現の丁寧さだけではなく、言葉遣いや文体、表記のしかたによって、読みやすさやわかりやすさなどに差が出ます。これを本書ではFAQの質と表しています。

上記のQ2やA2のような文のFAQコンテンツをサイトに取りそろえておくことで、ユーザーは自己解決に近付くことができます。

FAQの質を高める要素

上で示したQ2やA2は、Q1やA1に比べればFAQの質が高いです。ただし最高の質とまでは言えません。FAQの質を高める要素はほかにもあります。

以下に、FAQの質の要素を簡単に説明します。詳細は次章以降で述べていきます。

文の書き方

FAQのQとA(質問と回答)は、文であることをいま一度意識しましょう。

ユーザーがたくさんのFAQの中から「これだ！」と感じる1つの質問文(Q)、そしてユーザーが読んで理解し問題を解決できる回答文(A)の書き方はどうあるべきでしょう。

日ごろから、多くの文がメール・チャット・SNS・ブログなどに書かれてだれかに読まれています。文なんかだれにでも書ける、と思われがちです。しかしその考えは正しくありません。

たとえば、マニュアル・契約書・提案書など企業やユーザーの利益に直結した文には、適切な書くべきことや書式があります。それに従って書かなければ、ビジネス上深刻な事態を引き起こしかねません。こういった文はだれにでも書けるとは言えません。

FAQも、マニュアルや契約書と同様に企業やユーザーの利益に直結したものです。しかもユーザーが自ら求めて問題を解決したいというものなので、もっと重要かもしれません。

FAQを書くためには、適切な書き方を知っておく必要があるのです。

検索されやすさ

FAQは、ユーザーに検索されて見つけられなければ意味がありません。FAQには見つかりやすいものとそうではないものがあります。これらの違いは、文の書き方や言葉遣いに加えて、FAQを検索するしくみに合った書き方とも関連します。

FAQサイトにはたくさんのFAQが掲載されています。ユーザーは、FAQシステムやWeb検索（Googleなど）で「言葉」を使ってFAQを検索します。つまりFAQの文は、システムに検索されやすく準備しておく必要があります。

FAQ自体が文で使っている言葉の量・質・汎用性に、検索されやすさ・見かりやすさの鍵があります。

カテゴリ

FAQサイトにはたくさんのFAQを掲載しています。そこでユーザーが絞り込みやすいように、FAQはカテゴリに分類されています。このことをカテゴライズと呼びます。カテゴライズ、つまりFAQの分類・全体構成・各カテゴリタイトルの命名は、FAQの絞り込みやすさを大きく左右します。カテゴライズの質が低いと、実際にあるFAQをユーザーは見つけられないこともあります。

カテゴライズも、FAQの質の要素の一つです。

分析とメンテナンス

FAQはサイトに公開したのちも、ユーザーからの利用状況分析とメンテナンスは必須です。

利用状況の分析をすると、FAQの質を見極めたり高めたりするためにとても参考になる現実的な値が見えてきます。こういった値を正確に判断してFAQをメンテナンスします。

なお、FAQシステムの分析機能をよく理解したうえで書かれたFAQは、ユーザーの利用状況の分析値がより的確になります。的確な分析結果を使ってメンテナンスすればさらにFAQの質を高くできます。

ユーザーの自己解決を助ける頻度が高いFAQサイトは、ユーザーの利用頻度も高くなります。より多くのユーザーが活用すればさらに分析に役に立つ数値がサイトに残っていき、メンテナンスによってFAQの質を高められます。そしてまたユーザーの自己解決を助ける頻度も高くなるという良いサイクルになります。

FAQシステムとの相互依存

FAQがたくさん掲載されているサイトでユーザーにFAQを見つけてもらうには、検索などをはじめとする機能を持ったFAQシステムの力に頼らざるを得ません。

一方でFAQシステムがその検索機能を効果的に発揮できるかどうかは、FAQの文しだいです。FAQシステムの能力や性能を引き出せるのも質の高いFAQと言えます。

FAQシステムの検索機能のほとんどは、言葉を頼りにFAQを検索するしくみです。FAQはこのしくみをよくわかったうえで書かれるべきです。システムの同義語検索機能も、そのしくみをわかったうえで準備されたFAQだからこそ活かせます。

分析・メンテナンス機能なども同様に、質の高いFAQほどシステムは力を発揮でき、その結果質の高い分析とメンテナンスができます。

このように、FAQシステムとFAQコンテンツは相互依存の関係にあります。

FAQに携わる人たち

FAQの質を高めるうえでは、FAQサイト運営に携わる人たちのプロ意識はとても重要です。

ユーザーは、たまたまインターネットにあったFAQを拾って読むのではありません。FAQを積極的に探し見つけて読むのです。FAQを挟んで、ユーザーとFAQサイト運営に携わる人たちは向き合っています。

プロ意識とは、向き合っているユーザーの背景や問題を想像して解決を提供する気持ちかと思います。

企業からユーザーへの一方通行ではなく、コールセンターやFAQサイトでのユーザーからの「声」を吸い上げてFAQを活き活きさせる。そしてユーザーに役立っているかを常に追求し続ける姿勢が、なによりFAQの質の向上を支えます。

1.4 FAQサイトの改善に関わるコスト

FAQの質を高めることに対して予算をどれくらいかけられるのでしょうか。FAQの存在意義が高まることで削減できるカスタマーサポートコストから考えてみます。

コストの簡単な計算方法と代表的な計算式

コールセンターでは、電話代、人件費、周辺システムやサポート、さらに光熱費やオフィスの家賃などがコストとしてかかります。コスト総額は、企業やカスタマーサポートの内容によって、オペレーターの稼働数やコール数によってさまざまです。

おおよそのコストをシミュレーションする数値として、CPC(*Cost Per Call*、電話1本の対応に関わるコスト)と呼ばれるものがあります。CPCを使えば、あくまでも平均的な目安ですが、1コールセンターのコスト総額が計算できます。

近年の全国のコールセンターのCPC平均は、『コールセンター白書2020』によれば1,223円と言われています注2。たとえば月に1万本のコール数(電話での問い合わせ数)があるコールセンターならば、単純に1,223(CPC)×10,000(本)＝12,330,000円(1,233万円)が月にかかるコスト総額の目安です。

一方お金に換算するのは難しいですが、ユーザー(お客さま)一人一人にとってもコールセンターへの問い合わせにはコストはかかります。コールセンターに電話した時間＋待たされた時間＋電話代、などです。

コールセンターへ関わるコストは、企業とお客さま両方を合計するとやはり莫大です。

FAQ改善にしっかり予算をとるべき理由

もしFAQの質の改善のために年間1,200万円の予算を充てるとすると、使

注2 『コールセンター白書2020』リックテレコム、2020年、p.82

えるのは月あたり100万円です。FAQの量にもよりますが、これくらいの予算があれば、効率的に行うことで十分にFAQの質を上げるプロの仕事ができます。

一方FAQの質を高めることによってユーザーが自己解決できる割合が増えコール数が減らせた場合、どれくらいのコストが削減できるのでしょうか。上記した月に1万本のコール数の企業でコール数を30%減らせれば、上記のCPCを使って削減できるコストの目安が計算できます。

1,223（CPC）× 10,000（本）× 30% = 3,669,000円

月あたり100万円のFAQへの改善予算で、月に360万以上のコストが浮く計算になります。コール数を30%減らすのに1年かかったとしても、わずか4ヵ月の運用で投資費用対効果が現れます。

小さな投資で十分大きな利益が得られるのです。これがFAQの質の改善に予算をしっかり取る理由です。

1.5 FAQの失敗例と成功例

参考までに、筆者がこれまで見てきたFAQサイトの失敗例と成功例を紹介します。

失敗例はいずれもFAQサイトでのユーザーの自己解決率が低く、コールセンターのコスト削減に役に立たなかった例です。

成功例は希少ですが今すぐ実行できるかもしれない、参考にする価値の高いものです。

失敗例・成功例ともに、その理由の裏付けとなる解説は次章以降に述べます。

失敗の実例

FAQが多すぎるサイト

あるFAQサイトには、数千件から1万件近いFAQが詰まっていました。

そのサイトにFAQが多い理由は、よくある質問もそうではなさそうな質問もなんでもかんでも掲載し、不要になった古いFAQもそのまま残されていたからです。ときどきFAQが追加されますが、それらがすでにサイトにあるかどうかも顧みられず同じようなFAQが複数存在する状態でした。FAQが多すぎるため、分析やメンテナンスにも手が付けられず、サイトは半ば放置されていました。

FAQがたくさんあるサイトでは、ユーザーはFAQの検索を必ずしなければなりません。しかし検索しても、いつも数十件〜数百件のFAQがリストアップされます。結局多くのユーザーはFAQにたどり着けないので、コールセンターに流れていました。

わかりにくすぎるサイト

専門用語や技術用語、企業のサービス名・製品名が一面に目に付くFAQサイトです。掲載されているすべての用語をユーザーは知っていて当然というかのような記載が、ほとんどのFAQで見られました。

企業は、技術者なども総動員してじっくり生真面目にFAQを制作したのだろうと思われます。しかし企業内部の人には理解できても、一般には理解が難しい記載が多く、やはり離脱するユーザーが多いFAQサイトでした。

稚拙な日本語のサイト

FAQは多くないのですが、FAQのQとA一つ一つの書き方が日本語として稚拙なサイトです。れっきとしたサービスを提供している企業がインターネットで公開するものとしては、少し恥ずかしい掲載内容でした。見た目はとてもきれいにデザインされた企業のWebページだったので、FAQの文がかえって悪目立ちしていました。

またある企業のFAQは、一つ一つの文が大雑把で不親切なものばかりでした。書かれている解決方法も、サイト内のほかのページにリンクをしているだけのものや、コールセンターの電話番号を案内しているものばかりでした。

実はこのようなFAQを掲載している企業は、企業のWebサイトトップページや業務紹介のページの記載文も質が低いことが多いです。知らないうちに企業の品位が下がって損をしている例です。

成功の実例

FAQの質を高めたという前提ですが、参考となるべき成功事例を紹介します。

FAQを見つけられる率が30%以上も向上した実例

FAQサイトでユーザーの自己解決を向上させる即効性ある方法は、掲載するFAQを厳しく選抜することです。

ある企業では、FAQの数を当初の2,000件から300件までに一気に減らしました。ユーザーの利用分析を厳密に行い、よく見られている上位のFAQのみを残し、ほかのFAQはサイトから削除したのです。その結果、73%のユーザーがまず自分が探しているFAQを見つけられるようになり、次いで自己解決もできる効率の良いサイトになりました。

別の企業のFAQサイトには、もともと数百件のFAQが掲載されていましたが、1年分ぐらいの運用データの分析を通して、多くのユーザーに見られるFAQはほぼ数十件だけと見極めました。そこで思い切って、この数十件のみを対象に文の推敲をして掲載しました。FAQが少ないので、サイトにはFAQシステムも不要でした。FAQ数は極端に少なくなったのですが、大多数のユーザーが求めるFAQはほぼ見つかるという合理的かつシンプルなFAQサイトになりました。FAQが少ないのでユーザー側も探す手間はいりません。約95%のユーザーが自己解決できるようになりました。

チャットボットが活かされた実例

チャットボットの成功事例は、事前に準備したFAQにユーザーを誘導するように制作したものです。もちろん対象のFAQも厳しく選抜して、そのFAQを求めるユーザーは高い率でたどり着けるようにしました。

ユーザーとチャットボットの対話については、プロのシナリオライターと一緒に作りました。そしてたどり着くFAQも、ユーザーが「求めていたものだ」と感じられるように文を書きなおしました。

ユーザーが入力した文にチャットボットが反応するという従来のものではなく、チャットボットが提示する選択肢をユーザーがタップするものにしました。チャットボットからの言葉(選択肢)をシナリオライターが秀逸な表現で準備することによって、ユーザーはシナリオどおりに誘導され求めていたFAQにたどり着けるようになりました。

コールセンターのナレッジに活かされた実例

不特定多数のユーザーに向けたFAQを応用して、コールセンターのオペレーターが活用できるようにしました。

製品やサービスに関してトレーニングを受けているオペレーターたちは知識が豊富です。しかし知識が豊富ゆえ、ユーザーには耳慣れない専門用語や企業内でしか通じない用語を使ってお客さま対応してしまう傾向がありました。お客さまは時として理解できなくなり、コールセンターでの対話(応対)品質としては評価されません。

そこで、ユーザーとオペレーターとまったく同じFAQを共有することにしました。すると時が経つにつれ、オペレーターとユーザーの間で言葉のレベルの違いを少なくできました。オペレーターが豊富な知識を持ちつつ、ユーザーのリテラシー(言語力)のレベルに合わせて話すことができるようになったのです。

またユーザーにとってわかりにくいFAQのポイントを、オペレーター自身も身をもって気付くことが増えました。

この取り組みは、オペレーター用のナレッジとユーザー向けのFAQの二重管理をなくすことにも役立ちました。

本章では、FAQの重要性や存在意義、そしてその鍵を握るFAQの質についての基本的なことを述べました。次章以降、FAQの質を高めるための書き方を具体的に解説していきます。

第2章

FAQを書くための基礎知識

本章では、次章以降をスムーズに理解するため、質の高いFAQコンテンツ(文)を書く基礎知識について述べます。また、FAQ制作の体制についても触れます。

2.1 質の高いFAQの条件

質の高いFAQの基本条件を挙げておきます。詳しい解説は次章以降で述べます。

ユーザーが読んで理解できること

FAQはユーザーの問題を解決するためのものです。そのため当然読んで理解できる文になっている必要があります。たとえば専門的な技術用語や耳慣れないサービス名が交じっている、言葉遣いが正しくない、またはどう解釈すればよいのか悩んでしまうといった文になっていないことが大切です。

言葉遣いが正しくない文とその訂正例は以下のようなものです。

Before

Q: ビデオが録画できない。

▼

After

Q: 録画ボタンを押しても、ビデオに録画できない。

どう解釈すればよいか悩んでしまう文とその訂正例は以下のようなものです。

Before

Q: 申し込むにはどうすればいいのですか？

▼

> **After**
> **Q**： ○○の入会申し込みに必要な書類をおしえて。

上のように比較するだけでも **Before** より **After** のほうが良いことはわかると思います。当然A（回答）にも同様のことが言えます。

ユーザーに信頼されること

信頼されるFAQとは、ユーザーが期待するとおりの内容になっているものです。たとえば、Qでの質問にAで正確に回答するといったごく当たり前なことです。もちろんFAQ全体でそれを徹底しておかなければいけません。

こんな当たり前のことを述べなければいけないのは、多くのFAQサイトでユーザーの信頼を損なうFAQを散見するからです。たとえば次のようなFAQです。

> **Q**： インターネットが使えないのはどうして？
> **A**： Wi-Fiがパソコンから見えているか確認してください。（略）

上では、Qはインターネットが使えないとざっくりとした表現で「理由」を尋ねていますが、Aでは理由ではなく限定的なWi-Fiについての指示で答えています。QとAがしっかりかみ合っていないので、ユーザーの多くは期待を外されます。

FAQは静的（固定的）な掲載文です。ということはユーザーがもし理解できない場合でも補足することはできません。QとAの文の解釈や受け取り方は完全にユーザーにゆだねられます。それが期待外れに感じられた場合は、FAQサイトの不信へつながります。

信頼されるQは記載された文字どおりに解釈され、その解釈に合う期待どおりのAにユーザーを導きます。

ユーザーが迷わず取捨選択できること

どんなWebサイトでも、ユーザーの途中離脱は避けたいものです。FAQ

サイトの場合、離脱の原因の一つは「迷い」です。「このFAQかもしれないしあのFAQかもしれない」とユーザーが感じてしまうことです。

一人のユーザーが探したいFAQはたいてい1つで、ほかのすべてのFAQはそのユーザーにとってはその時点では不要です。1つFAQがすばやく見つかることが重要であると同時に、そのユーザーに関係あるかないかがはっきりわかることも重要です。そうすると、ユーザーは迷うことなく1つのFAQを選べます。

極端に言えば、「このサイトには求めるFAQがない」ということでさえ、ユーザーに早々にわかるのであれば、それは良いことです。その結果ユーザーがコールセンターに問い合わせしたとしても、FAQサイトに費やす時間は少なくてすみます。

2.2 質の高いQ

「FAQサイトではなにを探しますか」と尋ねられたら、もちろん「解決方法を探す」とだれしも答えるでしょう。では、そのために「『最初』になにを探しますか」と尋ねられたら、それは「質問」であるはずです。

質問つまりQは、ユーザーが困りごとやわからないことを解決するうえで必ず通る入口です。そのためQの質を高めていく必要があります。

質の高いQの具体的な目的

Qの文は、ユーザーの問題を正確に代弁するのが目的です。困りごとやわからないことで頭に浮かんでいる言葉がQの文に含まれていれば、ユーザーはそれに注目します。

また、ユーザーはFAQを見つけるため、頭に浮かんだ言葉を使って「検索」を行うことが多いです。ユーザーの頭に浮かんだ言葉を上手に使ったQの文は、ユーザーの検索でヒットする(見つかる)ことが多くなります。

質の高いQを書くには言葉を吟味します。その具体的な目的の一つは、ユーザーに見つけてもらうためです。

質の高いQの基本

問題を抱えてFAQを探す際、ユーザーは具体的な文章が頭の中にあるわけではありません。おそらくなにか問題を表す言葉をぼんやりと頭の中に浮かべているだけです。そのぼんやりしたものを代弁し解決案を示すのが、Qの文の役割です。

解決案を示すこと

わかりやすいたとえ話をします。散歩中にあなたはとてものどが渇きました。すると、そこにジュースの自動販売機を見つけました。特に自動販売機を探していたわけではありませんが、のどが渇いているという困りごとと自動販売機が頭の中で結び付きます。自動販売機でジュースを買って飲めば困りごとを解決できます。

散歩中、あなたはのどが渇いているうえにとても疲れていた場合は、自動販売機よりもテーブルと椅子があるコンビニのほうが解決に結び付きます。

- のどが渇いている＋自動販売機→解決！
- のどが渇いて疲れている＋コンビニ→解決！

このように、問題(困りごと)＋解決案の組み合わせしだいで、あなたを解決に導くかどうかが決まります。

「問題+解決案」の文体になっていること

FAQを上の例になぞらえます。あるユーザーが「パスワードを忘れて困ったな～」とぼんやり言葉を浮かべています。そこに「再発行の手続き」という解決案が提示されたとします。すると、ユーザーの頭の中の問題と提示された解決案が結び付きます。

- パスワードを忘れて困った＋再発行の手続き→解決！

解決案については、「メールでのお知らせ」「設定しなおし手続き」などでも、問題と結び付けることができます。

- パスワードを忘れて困った＋メールでのお知らせ→解決！
- パスワードを忘れて困った＋設定しなおし手続き→解決！

自分の抱えている問題はわかっているものの解決策や解決方法まではははっきりイメージしていない場合でも、上のようにQの文の中で解決案も提示することで、ユーザー自身の問題と結び付けられます。

必ずQの基本文体で書くこと

実は多くのFAQサイトでは、「問題」だけのQを掲載しています。たとえば、

Before

Q： ABCカードをなくした。

こういった文のQでも、自分の状況と一致していると感じればユーザーはクリックするでしょう。しかし、このQが導く解決案については、クリックして実際にAを見るまでユーザーにはわかりません。期待が外れることも大いにあります。

質の高いFAQのQの基本文体は「問題＋解決案」です。つまり基本文体のQには、次のように解決案が示されています。

After

Q1：ABCカードをなくしたので、利用停止手続きを知りたい。
Q2：ABCカードをなくしたので、再発行手続きを知りたい。
Q3：ABCカードをなくしたが、ポイントを使う方法を知りたい。

こう書かれていれば解決への道筋が具体的に見え、安心と信頼を持ってクリックできます。

このように質の高いQは、ユーザーの問題を具体的に代弁し、その解決案を明示することで、信頼感のあるA（回答）への導線を作ります。

FAQのQは、すべて「問題＋解決案」という基本文体で書くことが可能です。なぜならFAQを探すユーザーはなんらかの「問題」があり、「解決」を求めているからです。この基本文体にさらに言葉を肉付けしながら、ユーザーが「自分のFAQ」だと確信できる率を高めます。これが質を高めるということです。

質の高いFAQ一覧

多くのFAQサイトにおいて、FAQは一覧（リスト）で掲載されます。FAQ

一覧での「視認性」も意識すると、質が高まります。

視認性を意識すること

下のメニューを見比べてください。

図2-1のように書き方や言葉に一貫性がないと、一文一文を読解する必要があります。一言で言うと全体を把握するのに時間がかかる記載方法です。

図2-2は視認性の高い一覧リストです。メニューを「定食」や「ライス」で分類したり前後で似通ったものは近付けたりしています。そのため、俯《ふ》瞰《かん》的に「面」で見ることができます。このように視認性が良いリストでは、全体の把握や欲しいものの取捨選択がすばやくできます。

視認性の高いFAQ一覧にすること

一覧でずらりと並んだFAQを見た場合、その視認性の良し悪しでユーザーの「探す」モチベーションを左右します。

図2-1　一貫性がなく視認性の低いメニュー

＜メニュー＞

うどん定食
ランチセット
味噌汁・ごはん付き刺身定食
カレーうどんセット
焼き魚（ごはん味噌汁付き）
カレー単品
ハヤシライス

※定食にはご飯とお味噌汁が付きます。

図2-2　一貫性があり視認性の高いメニュー

＜メニュー＞

刺身定食
うどん定食
焼き魚定食
日替わり定食
カレーうどん定食
カレーライス
ハヤシライス

※定食はご飯味噌汁付き

視認性の高いFAQ一覧だとユーザーは全体を俯瞰でき、時間をあまりかけずに目的のFAQを見つけられます。

視認性の低いFAQ一覧の場合、一目見るだけで「探すのが大変そうだな」「FAQが見つかるのかな」と面倒さや不安を感じ、最悪の場合は離脱につながります。

たとえば次のように言葉や文末をそろえるだけで視認性は良くなり、ユーザーがFAQ一覧を見やすくなります。

Before

Q1：スマートフォンはいくら。

Q2：携帯からスマホへの切り替え手数料は？

Q3：ガラケーを機種変したい

▼

After

Q1：スマホの契約料金を知りたい。

Q2：スマホへの機種変手数料を知りたい。

Q3：ガラケーの機種変手続きを知りたい。

視認性の高いFAQについても第3章、第4章で詳しく解説します。

2.3 質の高いA

Q(質問)という入口を通過したら、ユーザーは次にA(解決)を読みます。AはFAQの到着地点なので、ここまできたらユーザーには困りごとやわからないことを解決してもらいたいです。きちんと解決できるかどうかは、Aの質に左右されます。

質の高いAの具体的な目的

Aの質を高くする具体的な目的は、もちろんユーザーが抱えている問題をその場でたしかに解決するためです。そしてユーザーに「役に立った」と思ってもらえればなお良いです。

質の高いAの基本

まずは質の高いAの基本を押さえておきます。

Aには、ユーザーに問題を解決してもらうという大目的があります。そのための基本とはなんでしょう。

ユーザーが最後まで読めること

まず、Aの文は最後まで読んでもらう必要がありますが、ユーザーはのんびり読んでくれるとは限りません。そのためは、文字数を少なくする、行数も少なくする、箇条書きにする、読みやすいやさしい文にする、見慣れた用語を使うといったことが必要です。

これらの要素をできる限り考慮してAの文を書きます。そういった文にすることで、ユーザーが最後まで読む気にもなり、また繰り返し読んでも苦にはなりません。

ユーザーが理解できること

Aの文は文自体をやさしい表現にしないとユーザーが疲れて、理解までいけないかもしれません。複雑で長い文や、専門用語や読み慣れない言葉やサービス用語がいくつもある文では、ユーザーは理解できないか、理解するために立ち止まりながら読まなければいけません。

ユーザーが最後まで読めるだけではなく理解できる文にします。

ユーザーの安心感を得ること

基本的な作文のレベルが低い文は、ユーザーの信頼を得られません。稚拙な表現がユーザーの目に入ると、FAQ全体の信用にも関わります。

文は文字数が多くなるほど、文全体の作文のレベルをキープするのが大変になります。Aの文は丁寧に正確に書くことは当然なのですが、できるだけシンプルなもののほうが品質を保ちやすいです。

2.4 質の高いQとAに共通する文

QとAは相互関係にあります。質の高いAには質の高いQ、質の高いQには質の高いAが不可欠です。ここに、質の高いQとAに共通する基本的なことをまとめておきます。第3章・第4章の理解の基礎にしてください。

一問一答にする

FAQのQとAは、原則一問一答にします。一問一答とは、文字どおり一つだけの質問に対して一つだけの回答ということです。一問一答にするためには、QとAお互いの書き方に責任があります。

一問一答にする理由の一つは、Aをできるだけシンプルにして、ユーザーがすばやく読んで理解できるようにするためです。もう一つの理由は、一問一答に近付けることでQの文のあいまいさや誤解の余地をなくすためです。それはユーザーからの検索にも役に立ちます。

制作者にとっても、一問一答のFAQは編集が楽です。FAQを書く際はQとAをお互いに見比べながらの作業ですが、一問一答になっていることで作業をシンプルにできます。

一意の文にする

一意ではない文とは、どうとでもとれる、どちらかわからない、はっきりしないといった文のことです。

たとえば、

Q: お仕事はどちらですか？
A: 消防署のほうで頑張っています。

は、職業についてなのか場所についてなのかはっきりしない質問と回答です。このような文に直面すると、私たちは独自の想像や解釈をする必要があり、書いた人の意図と違った意味にとらえる可能性も出てきます。

文で掲載された情報の場合は、読む人の解釈は軌道修正できません。対話とは違って、解釈が合っているのか確かめたり訂正したりしようがないからです。解釈がずれてしまうと信頼されなくなります。

QもAも必ず一意の文にすることで、ユーザーの誤解なく信頼を得られます。

6W1Hにする

一意の文にするために、6W1H[注1]の文体にする方法があります。6W1Hとは、いつ、だれが、どこで、なぜ、なにを(なにが)、だれに、どのように(英単語でWhen, Who, Where, Why, What, Whom, How)が含まれた文です。FAQのQとAともに6W1Hで書くことを原則とします。

ただし、すべて文をいちいち6W1Hで書く必要はありません。6W1Hは一意なFAQにするために意識する下敷きと考えてください。

以下に、わかりやすい例を示します。

- 80年前の記念品展示

という文があったとします。これに6W1Hにのっとった解説を加えたのが次の文です。

- 80年前に緑川市で小学校が児童に贈った開校記念の記念品を本日展示

事情を知っている人は、前の文でも理解できるでしょう。しかし事情を知らないと、読む人ごとに「80年前の出来事に関する記念品」「80年前にあった展示」……といろいろな解釈や疑問が出てきます。後の文だと、事情を知っていても知らなくてもほかの解釈の余地はなくなり、一意な文になります。

FAQをアクセスする人は、ほとんど事情を知らないユーザーです。それが、6W1Hを意識して書く理由です。

文のかかり受けに気を遣う

文を一意で、一問一答になるように書いたつもりでも、かかり受けのミ

注1　通常、5W1Hがよく使う表現ですが、質の高いFAQを書くうえで必要となるWhomも加えて6W1Hとしています。

スによってユーザーが誤解する場合があります。たとえば、

> **Before**
> **Q**： 冷凍・生鮮食品を定期配達で注文した場合の料金を教えて。

で表されている料金とは、

- 冷凍・生鮮食品の料金
- 定期配達の料金
- 冷凍・生鮮食品、定期配達両方の料金

のどれかはっきりしません。読む人によっては、先に進めなくなったり誤解したりします。

かかり受けに気を遣うと、たとえば次のように書けます。すると料金の意味が誤解なくはっきりわかります。

> **After**
> **Q1**：冷凍・生鮮食品を定期配達で注文した場合の料金総額を教えて。
> **Q2**：冷凍・生鮮食品を定期配達で注文した場合の送料を教えて。

これはQの例ですが、FAQではAの文のほうが長い分、かかり受けの不備も多くなる可能性があるので気を付けます。

用語、言葉遣いを統一する

FAQのQとAの文内で用いる「同じ意味を表す」言葉は、すべて統一します。

ユーザーは、正確で明快な情報をFAQに求めています。困りごとを解決しようとしている最中に、意味は同じはずなのに異なる言葉に行き当たると、「なぜ違うの？」「意味も違うの？」と考えてしまい、理解の妨げにつながります。

言葉遣いを統一するという意味では、漢字や送りがな、全角・半角、カタカナ表記・アルファベット表記にも十分に留意します。

同じサイト内で言葉の不統一が散見されると、企業が公開する情報としては稚拙に映ります。

言葉の統一のためのガイドラインの作成などについては、第5章で詳しく取り上げます。

略称を活用する

QとAの文で使う言葉について、ユーザーにとって良いのであれば、略称も積極的に使います。FAQは、ユーザーが読んで理解しやすいことを第一に優先するべきだからです。企業は、インターネットへの掲載情報は正式名称を使うべきと考える場合もありますが、ユーザーを思いやれば正式名称にこだわる必要はないと思います。ちなみに、本書では読む人の認知度と文字数を考慮してスマートフォンをスマホと表記しています。

略称は、FAQの文字数の節約ができて視認性が良くなるというメリットもあります。

Before

Q： パーソナルコンピュータのほうのメールアドレスを教えて。

After

A： パソコンのメアドを教えて。

とはいえ、企業内で使っている略称や認知度が低い略称などの使用は避けます。世の中の浸透具合や認知具合は時とともに変化しますので、略称の取捨選択は慎重に行いガイドラインでのルール化も必要です。

短文化する

FAQにアクセスしても、文字数が多いというだけで読むのを諦めて離脱するユーザーがいます。

FAQの短文化の一つの目的は、ユーザーに読むモチベーションを持ってもらうためです。そしてもう一つの目的は、ユーザーの誤読の可能性を少しでも減らすためです。

企業としては丁寧な表現にこだわる傾向にありますが、ユーザーはシンプルに問題を解決できさえすればよいと思っています。従来の習慣にはとらわれず、大胆に短文化してもよいと思います。

文字数を少なくする書き方やアイデアなど、次章以降で述べます。

2.5 FAQコンテンツの準備

対象となる原稿

FAQはなにをもとにして書くのでしょうか。いくつかのパターンをまとめます。

すでにあるFAQを推敲する

すでにFAQサイトあるいは製品マニュアルで製品やサービスに関するQとAを公開している場合、それらをもとにできます。ゼロから書くというより、現在のFAQの推敲(書きなおし)です。

現在のFAQの質が低くコールセンターに問い合わせが集中しているようであれば、推敲する余地が多くあると言えます。

筆者の経験でも、このパターンが最も多いご依頼です。

分析レポートをもとにFAQを書く

現在のFAQサイトをユーザーに利用してもらい、その反応などを分析した結果でFAQを書いたり推敲したりする方法です。

ユーザーの利用分析を行うFAQシステムなどのしくみがサイトに必要ですが、最も合理的で即効性もあります。もちろん分析した結果をどのようにFAQに反映し、あるいはFAQを追加するかというルールが必要です。

コールセンターでの対応履歴からFAQを書く

コールセンターにてオペレーターが記録したお客さまからの問い合わせ対応履歴をもとにQとAを書きます。

コールセンターでの対応履歴、お客さまからの問い合わせ内容とそれに対するオペレーターからの回答のペアはほとんどの現場では必ず蓄積されています(通話録音しか残していない場合なら、音声からテキスト化する作業が必要です)。

ちなみにカスタマーサポートの分野では、対応履歴から抽出したお客さまからの問い合わせ内容のことをコールリーズンやVOC(*Voice Of Customer*、お客さまの声)と呼んでいます。このコールリーズンやVOCの集計と分析は、FAQを準備するうえで非常に重要です。

マニュアルをもとにFAQを書く

対応履歴や既存のFAQからではないので「FAQ＝よくある質問」には沿っていませんが、マニュアル(製品マニュアルやサービスマニュアル)をもとにFAQを書き起こす場合があります。マニュアルからまともにFAQを作ろうとすると、特にQへの想像力や製品の熟知が必要です。

実際にユーザーからの問い合わせをもとにするわけではないので、FAQサイトに公開してもあまりユーザーの役に立たない可能性があります。マニュアルからFAQを制作したいと言われる企業も多いのですが、あまりお勧めしません。

公開するFAQの選抜

FAQを書いたら、すべてをFAQサイトで公開するのではなく選抜することをお勧めします。選抜の方法をいくつか紹介します。これらの方法を組み合わせてもよいと思います。

ユーザーターゲットによる選抜

ユーザーターゲットとは、たとえば日本在住、20～30歳代、会社員、独身……といった商品やサービスの対象ユーザーのイメージです。商品やサービスを利用しそうなお客さまだけをFAQでもターゲット想定します。

ターゲットを想定すると、FAQコンテンツの選抜にも役立ちます。一般的には商品やサービスを販売する客層のターゲットが、FAQを想定する際もそのまま当てはめられます。

一般ユーザー向けのFAQサイトではなく企業向け・販売代理店向け・社内向けの場合は、ユーザーのターゲットも比較的特定しやすいのでFAQを限定的に準備できます。不特定多数の一般ユーザーをターゲットにするのと違い、専門的な用語が使え技術的なFAQも準備できます。

利用者の問い合わせ数による選抜

FAQの基本に立ち返り、お客さまからのお問い合わせ数の多さによって選抜します。

選抜には、日常のカスタマーサポート(コールセンター)での集計値を使います。コールセンターに集計を協力してもらい、上述したコールリーズ

こんなFAQは掲載しなくてよい

ほとんど読まれないFAQ

どんな小さなFAQでも、読むお客さまが一人でもいるならサイトに掲載するべきと考える企業も多いです。真摯な気持ちはよく理解できますが、それを続けていくと運営を重ねていくにつれサイトのFAQは膨大になってしまいます。その結果ユーザーには探しにくくなり、FAQ制作者にとってはメンテナンスに大きな負荷がかかってきます。

専門的、技術的で難しそうなFAQ

FAQサイト内を見渡すと、専門的な技術用語やはっきり覚えていないサービス名・機能名がたくさん目に付くことがあります。それだけでもユーザーはちょっと戸惑って、サイトから離脱しコールセンターに電話をするほうを選ぶかもしれません。どうしてもユーザーが見慣れない言葉を使用する際は、突出して問い合わせが多いFAQに限って掲載するのがよいと思います。その場合でも、言葉の意味を理解しやすくしたり注釈を入れたりするなどの工夫をします。

ユーザーのお叱りを書いたFAQ

コールセンターに寄せられるお客さまからのお叱りなどを、そのままFAQに掲載してはいけません。たとえば、「社長を出せ!」「責任者はだれだ!」「電話がつながらない!」といったものです。それらについてユーザーが納得できる回答は掲載できないと思います。またお叱りを「よくある質問」として掲載すること自体がその企業のサービスの質の低さを表しているようなものです。

またコールセンターの電話番号を案内するFAQを掲載すると、ユーザーからすると単に「たらいまわし」されている感になります。どうしてもコールセンターでの対応しかできないFAQ以外は、コールセンターの番号は記載しないようにします。そもそもコールセンターの電話番号をFAQで記載してしまうと、FAQの本来の目的であるユーザーの自己解決にはならなくなります。

ンごとの件数をカウントします。それらのうち、特定の閾値《いさら》を超えたコールリーズンを選抜して公開用のFAQとして作文します。日ごろからコールリーズンをきちんと分析しFAQ化している場合は、そのFAQごとの問い合わせ件数が閾値を超えたものを選抜します。

コールリーズン分析の正確さも、文の質に左右されます。たとえば、以下2つでは後者のほうが正確なコールリーズン分析と言えます。同じコールリーズンでも、質の高い文で残して置くほうが質の高い集計ができます。

- **質の低いコールリーズン分析**
  - 「カードの解約について」のお問い合わせが100件
- **質の高いコールリーズン分析**
  - 「カードの解約手続きを教えて」が56件
  - 「カードの解約した場合のポイントの有効期限を教えて」が30件
  - 「カードの解約しなかった場合の会費を教えて」が14件

パレートの法則による選抜

パレートの法則(コールセンター業界では「2：8の法則」とも呼ばれています)とは、簡単に言うと、お店などで全商品のうち2割ほどの種類の商品だけの売り上げで、店の総売り上げの8割ぐらいを占める傾向があるという法則です。

商材の種類を横軸、商材ごとのそれぞれの売上高を縦軸の折れ線グラフで表すと、あまり売れていない商材の売上高の部分は動物の長いしっぽのように見えるので、ロングテールと呼ばれることもあります(**図2-3**)。

図2-3　パレートの法則とロングテールのグラフ

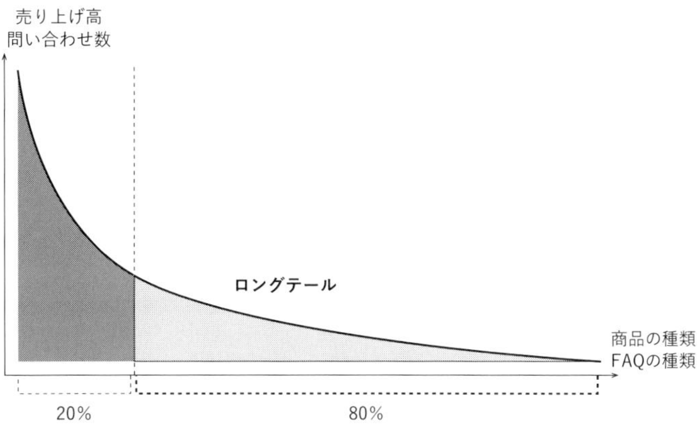

パレートの法則は、コールセンターの問い合わせやFAQに対してもおおよそ当てはまることがわかっています。つまり問い合わせ内容(種類)数が1,000件あっても、ユーザーからの問い合わせが特に多いのは200件ぐらいで、残り800件の問い合わせはロングテールのようになります。

問い合わせ運営分析をしたうえでロングテール部分は思い切ってカットして、トップ2割の問い合わせをFAQとして選抜します。もちろんトップ2割のFAQについては正確に統計を取ります。

2.6 FAQを書く前の基本的な心構え

だれもがアクセスできるインターネットにおいて情報を掲載するのであれば、責任ある内容であるべきです。企業からの公式な掲載情報で、ユーザーと企業の利益に直結したFAQサイトならなおさらです。

FAQサイトで肝心なのが、コンテンツつまりFAQの文です。文と言えばライターという専門職がいるくらいなので、本来は高度なスキルが必要です。ただ対象をFAQに限定すれば、必ずしもプロのライターである必要はありません。携わる人たちの心構えや体制しだいだと思います。

FAQを書く専任者と品質責任者を任命

まずは、FAQを書く専任者と、書かれたFAQの質をチェックする品質責任者を任命します。本書では総称してFAQ制作者と呼ぶことにします。

任命されたFAQ制作者ではない人が自己流または効果の裏付けのない書き方で準備したFAQを、企業の公式サイトに掲載しては絶対にいけません。ここまで何度か指摘したように、FAQはユーザーや企業の利益に直結する「公式文」とも言えるからです。

また「作文が上手だから」「文を書くのが好きだから」といった理由だけでFAQ制作者を任命してはいけません。文にも多くの種類がありますし、作文が上手という評価もほとんどは感覚的なものです。

企業を代表して一般向けに公開するものを書くという意識をしっかり持った人をFAQ制作者に任命してください。お客さまが読解しやすい文の書き方に忠実で、継続的な文の推敲にも心を砕ける人が、FAQ制作者にはふさわしいと思います。

そのように任命したFAQ制作者が書いたFAQだけをサイトに掲載するようにします。

FAQのレビュー

サイト公開前には、FAQコンテンツの内容と質を必ずレビュー(チェック)します。FAQガイドラインを把握した専任のレビュー担当者かマネージャーがそれに携わります。

できればFAQを書く専任者とは別の人がレビューを担当します。作文とは異なる立場で、かつ企業目線ではなくユーザー目線でFAQをチェックします。

FAQはレビューを経て「承認」され、初めてFAQサイトに掲載されるようにします。

FAQの質を上げていく運営の継続

サイトに掲載しユーザーが利用しはじめたら、FAQの利用状況を逐一観察します。

ユーザーの利用状況は、サイトにFAQシステムを導入している場合はグラフや帳票でリアルタイムに閲覧できますので、その観察をFAQ制作者やマネージャーは怠らないようにします。

そしてFAQの質をさらに上げていくメンテナンス方法を探ります。FAQシステムがあれば分析は自動ですが、それを使ってFAQをどのようにメンテナンスするのかを、スキルのあるFAQ制作者が考えます。

FAQサイトが存在する限り、FAQ制作者はFAQの分析とメンテナンスを継続します。

FAQは商品やサービスと同じだという意識

FAQは公式サイトに掲載された瞬間から、ユーザーが見つけて読んで理解して問題を解決できるかが試されます。

FAQを見つけたのにユーザーが抱えている問題を解決できない場合、それは企業側の責任です。ユーザーはFAQに書かれていることを文字どおりそのまま受け取るしかなく、意味や解釈を聞き返すことはできません。その意識が低い企業は、質の低いFAQを掲載し続けることになります。

質の低い商品やサービスを世の中に出していると企業の評価は下がるのと同じように、質の低いFAQを掲載していると評価は下がります。FAQは、商品やサービスと同様常にユーザーの厳しい目にさらされていることを意識します。

ユーザーへの思いやり

FAQの文を書くためどういった言葉や語彙を使うのかは、書く人のセンス次第にも思えます。しかしそう言ってしまうと、FAQ制作者にはだれでもなれるとは言えなくなります。

書くセンスはなくても、ユーザーへの「思いやり」を発揮できればFAQ制作者にはなれます。書くスキルを伸ばすのはシステムも手伝ってくれます。

たとえばFAQシステムが分析するユーザーのFAQ活用状況を使えば、ユーザーにとってより親しみのある言葉、よく使う言葉を知ることができます。そういった言葉の中には、多くのユーザーが検索に使いがちなのに、FAQを見つけられていないものも含まれます。それらを精査し吟味すれば、ユーザーにより理解しやすく、より見つけやすい文に活かすことができます。

本書で述べている基本的な書き方以外に、FAQシステムを活用できるFAQの準備と、分析とメンテナンスを怠らない心構えがFAQ制作者に求められます。

FAQを育てる意識

FAQを書くことや推敲すること、また分析やメンテナンスに高い壁があるように感じたとしても不安にならないでください。

FAQを最初にサイトに掲載・公開した段階で、大きな成果を出すことはほとんど不可能です。なぜならば、FAQは実際に公開してユーザーに使ってもらわないことには、効果はわからないからです。世の中に出す前から、実際に商品がヒットするかどうかはわからないのと同じです。

サイトに掲載されたばかりのときは、FAQは赤ちゃんです。そして運営を経てだんだんと立派な大人になります。FAQを世の中に出すまでの作業よりもそこからさらに育てるほうが、FAQ制作者にとっては作業が多いのです。

FAQへの叱咤激励は多くのユーザーが与えてくれます。そしてそれを受け止めながら、FAQ制作者がFAQを育てていきます。

ガイドラインの制定

FAQの準備は、FAQ制作者が中心となって進めます。ただしその作業は、特定のFAQ制作者にしかできないような属人的な状況に陥らないように気を付けます。

そのためには、「ガイドライン」を定めて関係者全員でFAQ制作と運営を共有し作業を分担します。そうすることで複数の目でFAQの質を見ることができ、FAQ制作者や担当者の交代があった場合にでも支障なく運営が継続できます。

ガイドラインの作り方は第5章で詳しく取り上げます。

FAQ運営関係者全員の協調

FAQは独立した存在ではありません。FAQシステムそしてFAQサイトという入れ物に収められます。FAQコンテンツを、FAQサイトやシステムが活かします。逆にFAQコンテンツも、システムやFAQサイトの機能を活かしているという相互依存の関係です。

FAQシステムやサイトも企業のWebページの一つであり、そこにシステムベンダーやWebページ担当者が関係しています。したがって、FAQ制作者と、FAQシステムの担当者やベンダー、WebページやWebサイトの担当者とは密にコミュニケーションをとりお互いに効果を高めるようにします。

コールセンター運営にもFAQは深く関わります。FAQ制作者とコールセンターに従事している方々は、普段から密に情報交換をします。特にコールセンターに従事しているオペレーターは日々何十人もの実際のお客さまとリアルな会話をしているので、ユーザーとの質疑応答に関して専門家です。FAQのヒントをたくさん持っています。

2.7 FAQの存在意義を見える化しておく

FAQの準備段階で、FAQの存在意義は必ず「見える化」しておきます。

FAQの質を高くする目的は、ユーザーの自己解決を促すためです。ユーザーが自己解決できる数(または、自己解決率)が増えるほど、FAQの存在意義は高まります。

この存在意義を見える化する指標について述べます。また本章で述べる指標を使ったメンテナンス方法は第7章でも詳しく述べます。

見える化＝数値化

存在意義は数値で表せば見える化できます。数値は嘘をつかずそして明確な指標です。

FAQの質は、ユーザーの自己解決率という指標に現れ、同時にFAQの存在意義のバロメータです。数値での指標をKPI(*Key Performance Indicator*、重要業績評価指標)と言います。

KPIの種類

FAQ制作・運用における代表的なKPIを紹介します。ユーザーの自己解決率の2大要素は、回答到達率と問題解決率です。

- 回答到達率
  ユーザーがFAQを見つける率
- 問題解決率
  ユーザーが問題を解決する率

ユーザーの自己解決率という指標は、この2大KPIどうしをかけ合わせたものとして位置付けます。

回答到達率

回答到達率は、FAQサイトに訪れたユーザーが自分の困りごとやわからないことを解決しそうなQをクリック(タップ)してAを開いた率です。

回答到達率＝実際にFAQをクリックして開いた数÷FAQサイトの全PV

回答到達率の良し悪しは、FAQのQの質に依存します。たくさんのFAQの中から1つのQをユーザーが見つけるには、Qがユーザーの問題を明快に代弁していないといけません。

ユーザーがQを見つけられるかは1つのハードルです。Webサイト運営に携わっている方には、コンバージョンという言い方がわかりやすいかもしれません。

問題解決率

回答到達率が高いだけでは、ユーザーが自己解決したとは言えません。Qをクリックしたユーザーが Aを読んで、実際に問題を解決することが肝心です。

問題解決率は、FAQサイトでユーザーが抱えている問題を解決できた率です。問題解決率の良し悪しはFAQのAの質に依存します。

問題解決率＝ユーザーが問題を解決できた総数÷実際にFAQを開いた総数

ユーザーが問題を解決できたかどうかは、ユーザー自身の自己申告をしてもらう必要があります。こちらについては第7章で詳しく触れます。

KPIの数値目標

KPIを定めたら、必ずその目標を決めます。たとえば次のようにします。

- 回答到達率：目標70％以上
- 問題解決率：目標80％以上

FAQの運営を通じてKPIが目標に近付いていくことで、ユーザーから見たFAQの質の向上、ひいては存在意義の向上を見極められます。

KPIの目標値とFAQ運営のサイクル

ここまで述べたように、KPIはFAQの存在意義の指標となります。FAQ運営を通じて常にKPIを観察しなければなりません。

初めてサイトでFAQを公開したときのKPIはもちろんのこと、なんらかの理由でFAQをメンテナンスする場合はメンテナンス前後のKPIを記録しておきます。もちろんKPIは特にFAQを更新しなくても変化します。ユーザーの知識や世の中の流れが変化するからです。

FAQサイトのみならず、カスタマーサポートの日常的なKPIの観察や振り返りをしていない企業は意外と多いです。カスタマーサポートは企業の大切な営業の一環だと考えればそれはもったいないことです。

飽くなき高品質化の追及と継続

最初の段階で質の高いFAQを準備したり、運用開始後もさらに質の高いFAQになるように利用状況を分析しメンテナンス(推敲・編集)したりする活動が、FAQの存在意義を高めていきます。

その成果はKPIとしていつでも観察できます。このKPIという数値の観察と目標達成までの分析とメンテナンス活動を継続することがなによりも大切です。

日常的に観察するとKPIは乱高下すると思いますが、FAQの質への取り組みを継続すれば中長期的には必ず上昇します。月並みな表現ですが、大切なのは「継続」です。

第3章

Qの書き方

本章では、FAQの質問文であるQの書き方を具体的に解説します。

Qは、ユーザーが自分の困りごとやわからないことを解決する最初の手がかりです。FAQサイトのどこかに求めるFAQが掲載されていたとしても、ユーザーが見つけられなければ無意味です。求めるFAQをユーザーが見つけやすく、そして迷わず確信を持って選べるようにするのが、質の高いQを書く目的です。

項目ごとに、質の低いFAQに出くわしてしまったせいで問題を解決できなかったユーザーの体験を紹介し、それに対する改善方法を述べる流れで解説します。

3.1 Qで解決への道筋を作る

良くないFAQの例

佐藤さんは、来月の海外出張先で車の運転をします。その前に国際運転免許証を取得しなければなりませんが、取得方法がわかりません。そこで旅行会社のFAQサイトで調べてみたところ、

Before

Q：海外で運転したい。

というFAQがありました。ほかにそれらしいFAQはないので、佐藤さんはそのFAQをクリックしてAを読んでみました。

A：車を海外で運転するには、次のような注意事項があります。

・日本の免許を持っていること
・国際運転免許証をとること
・保険に入ること
（略）

Aには佐藤さんがすでに知っていることが列挙されているだけで、肝心

の国際運転免許証の取得方法は記述されていませんでした。

このケースでの問題点

サイトにあったこのFAQは、なにかを尋ねる文ではありません。

> **Before**
> **Q**：　海外で運転したい。

「散歩に行きたい」「良い天気だといいな」と同じ、なにか希望を表しているだけの文です。「それで、質問はなんですか？」とつっこむしかありません。

ただこのFAQは、たしかに佐藤さんの状況を表しています。またほかに適当なFAQがないので、「このFAQに国際運転免許証の取得方法が書かれているのかな？」と佐藤さんは期待しましたが、その期待は裏切られました。

誤った期待をしたのが悪いのではありません。Aについてユーザーが想像するしかないようなQの書き方が良くないのです。残念ながらこのFAQは、佐藤さんの想像も手間も無駄にしてしまいました。

改善ポイント

「海外で運転したい。」といった書き方になっている理由は、コールセンターに電話で問い合わせてくるお客さまからの「最初のひと声」をFAQでも表現することで、ユーザーに親近感を感じてもらうことを意図しているのかもしれません。ただ、電話と違ってFAQは対話ではありません。このような表現で掲載しても、Aで期待を裏切られては、親近感どころか残念感が残るだけです。

そうならないために、Qは質問らしく具体的になにかを尋ねる文にします。たとえば、次のQなら期待できる回答は想像するまでもなく具体的です。

> **After**
> **Q**：　海外で運転したいので国際運転免許証の取得方法を知りたい。

このQの文だと、「国際運転免許証の取得方法」の書かれたAに導かれることを、佐藤さんは確信できます。このように解決方法の頭出しをするのが、ユーザーにとって解決への道筋がわかるQの書き方です。

問題＋解決案

Qの文体をこの形にしておくと、ユーザーの期待に沿う信頼性のあるFAQにできます。わかりやすくいくつかの状況をQにしてみます。**表3-1**をもとにQ文の基本文を書くと以下のようになります。

Q1：おなかがすいたので、近くのレストランの場所を知りたい。
Q2：パスワード忘れたので、再設定方法を知りたい。
Q3：申し込みたい場合の、条件を知りたい。
Q4：国際運転免許証が欲しいので申請方法を知りたい。

このように、Qは必ず「問題＋解決案」の文体で書けます。

Before、After

以下では、各FAQの質を改善する前後を示します。推敲前（Before）と推敲後（After）を比較してください。

Before

Q1：ログインできない。
Q2：荷物を再送してほしい。
Q3：サイズが違う。
Q4：カードをなくした。

表3-1　問題と解決策の例

問題	解決案
おなかがすいた	近くのレストランの場所
パスワードを忘れた	再設定方法
ゴールド会員に申し込みたい	条件
国際運転免許証が欲しい	申請方法

After

Q1：ログインできないので新しいパスワードを教えて。

Q2：荷物を再送してほしいので再送依頼窓口を教えて。

Q3：サイズが違うので交換依頼方法を教えて。

Q4：カードをなくしたので会員サイトで利用停止手順を教えて。

Beforeは、世の中でよく見られるFAQですが、どれにも解決案が示されていないのでユーザーの期待を裏切る可能性があります。ユーザーはこれらを読んでAの解決内容を想像し期待するしかありませんが、想像が間違った場合は期待が裏切られます。また、Beforeは困った状況は書かれていますが、知りたいことは表されていない幼稚な感じのする文です。

Afterでは、BeforeをQの基本文体の問題＋解決案に沿って書きなおし、文末を「～教えて。」と、解決案を尋ねる文にしたものです。

Before

Q：入会申し込みをしたい。

上記の例文も、よく見かけるFAQです。また、このQを見たユーザーは以下のようにいくつもの想像をするでしょう。

- 入会申し込みしたい。→申込書はどこ？
- 入会申し込みしたい。→条件は？
- 入会申し込みしたい。→必要書類は？
- 入会申し込みしたい。→インターネットでできる？
- 入会申し込みしたい。→料金は？
- 入会申し込みしたい。→家族もできる？

やはり、多くのユーザーが期待を裏切られる可能性があり、同時に不信が生まれます。

After

Q1：入会申し込みの申込書の入手方法を知りたい。

Q2：入会申し込みできる収入の条件を知りたい。

Q3：入会申し込みをするときの必要書類をすべて知りたい。

Q4：入会申し込みのWebサイトを知りたい。
Q5：入会申し込みしたいが、入会料と会費を知りたい。
Q6：入会申し込み（家族会員）手続きを知りたい。

After のように、入会申し込みという希望を示しつつ、具体的に知りたいことを解決案としてQの文に書きます。FAQの数は増えますが、一つ一つの文で問題＋解決案が明快になります。ユーザーは明示された解決案どおりのAにたどりつけるという期待を持てます。

まとめ

Qは、次の基本文体に忠実に書きます。

問題＋解決案

ユーザーからカスタマーサポートへの問い合わせはシンプルにすると、

「問題」だから、「解決案」を知りたい。

といった文となります。「だから」の部分や文末の「知りたい。」の部分は上記以外でも書き方は自由ですが、視認性のため全FAQで統一します。視認性についてはのちほど解説します。

改善してみる

改善前

次の状況を、「問題＋解決案」の文体にしてください。「解決案」の部分は自由に想像して書いてください。

Before

Q1：眼鏡で見えにくくなった。
Q2：奥歯が痛い。
Q3：申込用紙をなくした。
Q4：建物中のビルがうるさい。

改善後

いずれの改善前の文も、事象のみが書かれています。これら対して「だから どうしたい？」というように自問してみると、「解決案」の部分が想像できます。実際のFAQではユーザーに伝えたい解決案がAとして存在するはずなので、そちらをもとに「解決案」を書き加えます。文末は、いずれも「〜を教えて。」でまとめました。

After

Q1：眼鏡で文字が見えにくくなったので度の調整申込窓口を教えて。
Q1：眼鏡の度が合わないようなので相談窓口を教えて。

Q2：奥歯が痛いので応急処置できる薬の名前を教えて。
Q2：奥歯が痛いので土日も開いている歯医者さん教えて。

Q3：申込用紙をなくしたので取りに行ける窓口の住所を教えて。
Q3：申込用紙をなくしたのでインターネットで申し込みする方法を教えて。

Q4：建物中のビルがうるさいが騒音の発生する工事期間を教えて。

3.2 Qの書き方でAを端的にする

良くないFAQの例

田中さんはL市に単身赴任で引っ越してきたばかりです。久しぶりの一人暮らしに加えて、新しい土地では慣れないといけないことばかりです。

引っ越しで出た段ボールや梱包材を処分しようとしていますが、ゴミを出す曜日がわからないのでL市のWebサイトをスマホで調べてみることにしました。よくある質問サイトにこんなFAQがありました。

Before

Q：新聞紙・雑誌・段ボール紙の捨て方を教えて。

A：L市では再生可能なゴミは分別して捨てていただいています。

新聞紙・雑誌の場合

まとめ方は、ほどけないように紐できっちりとくくり各地区の廃品回収の日に地域のゴミ置き場に置きます。ビニール袋には入れないでください。

※なお、回収時間に間に合わなかったゴミは回収できませんので責任を持って持ち帰ってください。
※回収日の前日の夜などには絶対に出さないでください。
※雨天の場合、廃品回収は中止になります。

○各地区の回収日と回収時間は次のとおりです。
（略）
○各地区のゴミ置き場についてのリンクは次の一覧をご覧ください。
（略）

段ボールの場合

段ボールは、こま切れにして市指定の紙袋に入れてゴミ置き場に出してください。段ボールも再生ゴミとして扱いますが廃品回収ではなく市が業者と分担して回収します。

※なお、回収時間に間に合わなかったゴミは回収できませんので責任を持って持ち帰ってください。
※回収日の前日の夜などには絶対に出さないでください。
※雨天の場合、廃品回収は中止になります。

○各地区の回収日と回収時間は次のとおりです。
（略）
○各地区のゴミ置き場についてのリンクは次の一覧をご覧ください。
（略）

田中さんは、引っ越ししてきた地区の段ボールの回収日と回収場所をなんとか知ることができました。しかしそれだけを知るためにスマホの画面をスライドして大量の文字の情報を読む必要があり、費やした時間は回収できませんでした。

このケースでの問題点

このFAQは田中さんが求めたものに間違いないのですが、Aの掲載内容は、田中さんが知りたいことだけを得るには情報が多すぎたようです。

> **Before**
>
> **Q**： 新聞紙・雑誌・段ボール紙の捨て方を教えて。

その理由は、Qは質問の形にはなっているものの、「捨て方」という表現がおおくくりでいろいろな意味を含んでいるからです。「捨て方」は、ゴミの分別の方法・捨てる場所・捨てる日時・捨てる際の注意など複数の意図がとらえられます。すべてに答えるために、たくさんのことがAに書かれています。田中さんはごみを出す曜日を拾い出すために不要な情報にも目を通す必要ありました。

改善ポイント

ユーザーが知りたいことをQに盛り込む

先ほど挙げたQはきちんと解決案を書いています。ただし表現がおおくくりなために、Aでカバーしなければならない情報が多くなります。ユーザーはAの内容から必要とする事柄を探すことになります。まるで「○○さんの電話番号を教えて」と尋ねると、電話帳ごと渡されるようなものです。尋ねた人は情報量の多さに辟易《へきえき》して諦めて(離脱)しまうかもしれません。

Aが端的にユーザーに解決を与えられるような文でQを書きます。

> **Before**
>
> **Q**： 新聞紙・雑誌・段ボール紙の捨て方を教えて。

上記は、次のように推敲できます。

> **After**
>
> **Q1**：新聞紙・雑誌を出せるゴミの曜日を教えて。
>
> **Q2**：段ボールを出せるゴミの曜日を教えて。
>
> **Q3**：新聞紙・雑誌をゴミで出す際のまとめ方を教えて。
>
> **Q4**：段ボールをゴミで出す際のまとめ方を教えて。
>
> **Q5**：新聞紙・雑誌、段ボールのゴミ置き場の場所を教えて。

このQの文では、もともとAの中にあった場合分けごとにFAQを分割しています。そしてざっくりと「捨て方」を尋ねるのではなく「捨てる曜日」「まとめ方」「ゴミ置き場」という実際的な内容を尋ねる文にしました。このようにすることで、Aを端的にしてFAQのQとAを一問一答にできます。たとえば次のようになります。

After

Q1：新聞紙・雑誌の捨てる際のまとめ方を教えて。

A1：新聞紙・雑誌の捨てる際のまとめ方は、ほどけないように紐でしっかりくくってゴミ置き場に置きます。ビニール袋には入れないでください。

Q2：新聞紙・雑誌の廃品回収日を教えて。

A2：新聞紙・雑誌の廃品回収日は各地区の回収日と回収時間は隔週水曜日 8:00〜12:00です。

※回収時間外に出されたゴミは収集できません。
※雨天の場合、収集は中止です。

Q3：新聞紙・雑誌、段ボールのゴミ置き場の場所を教えて。

A3：新聞紙・雑誌、段ボールのゴミ置き場
各地区のごとにこちらの 一覧 で見ることができます。

上記のようにユーザーが知りたいこと（日にちや場所）とそのための条件（上記場合ごみの種類）具体的に示してQを書くと、Aを端的にすっきりとまとめられます。AがQに対して無駄なくシンプルに答えていると、ユーザーが読解の時間をかけなくてすみます。

たとえば、次のようなFAQのAをよく見かけます。

Before

A：サービスの申し込み方法は、次のとおりです。

❶申し込まれる方について
・お勤めの方の場合（略）
・会員のご家族さまの場合（略）
・学生の方の場合（略）

❷申し込み方法について
・はがきで申し込む場合（略）
・インターネットで申し込む場合（略）
・店頭窓口で申し込む場合（略）

Aの内容で条件による場合分けがある場合は、すべての条件ごとにQを書きます。

After

Q1：会社員ですがはがきでの申し込み方法を教えて。
Q2：会社員ですがインターネットでの申し込み方法を教えて。
Q3：会社員ですが店頭窓口での申し込み方法を教えて。
Q4：会員の家族ですがはがきでの申し込み方法を教えて。
Q5：会員の家族ですがインターネットでの申し込み方法を教えて。
Q6：会員の家族ですが店頭窓口での申し込み方法を教えて。
Q7：学生ですがはがきでの申し込み方法を教えて。
Q8：学生ですがインターネットでの申し込み方法を教えて。
Q9：学生ですが店頭窓口での申し込み方法を教えて。
Q10：会社員ですが店頭窓口での申し込み方法を教えて。

条件ごとにQの文を書けばAでは場合分けは不要になり、内容は次のように端的になります。

After

Q：会社員ですが店頭窓口での申し込み方法を教えて。
A：会社員の方の店頭窓口での申し込み方法は次のとおりです。（略）

Aを端的にするために、Qの中にいかに条件を書くかがポイントです。ただしすべての条件ごとにQを書くと、FAQ数自体が多くなる懸念はあります。この点については、第7章の「質が高いゆえに数が増えたFAQの課題」で払拭します。

6W1Hを意識する

6W1Hを意識してQを書くと、正確で端的なAを得るための条件をそろえられます。FAQでユーザーに伝えたい情報をもとに条件を考えて6W1Hにしていきます。

簡単な例として、次のAになるようなQの文を考えてみます。

A：ジョセフ・ロビネット・バイデン・ジュニア

次のようなQでは、上に挙げたAに必ずしも当てはまりません。

Before

Q: アメリカの大統領は？

次のようにするとどうでしょうか。

After

Q: 2020年選挙で当選したアメリカ合衆国の大統領のフルネームは？

このQだと、上にあげたAに合致します。合致するために2020年(When)、選挙で選ばれた(How)、アメリカ合衆国(Where)、大統領(Who)、フルネーム(What)といった条件が文で示されています。上記のQには6W1Hすべてがそろっているわけではありません。しかし6W1Hを意識して書いたので、Aが端的に当てはまる条件がそろいました。

Before、After

以下では各FAQの質を改善する前後を示します。Before と推敲後 After の質を比較してください。

Before

Q: インターネットに接続できないので解決したい。

▼

After

Q: Wi-Fi接続時の接続エラーe001の解決策を知りたい。

Before の「インターネットに接続できない」という書き方だと状況としてさまざまなことが考えられ、非常に長いAになる可能性があります。

After のように、「インターネットに接続できない」状況ごとに1つずつFAQを準備します。この例では、「Wi-Fi接続時のエラーe001」についてのみのQにしているので具体的で、異なる解釈をする余地はありません。ユーザーも自分の状況と照らし合わせやすいので、FAQの取捨選択が容易です。Aはこの状況の解決策を提示するだけの端的なものになります。

Before

Q： 送料無料について。

After

Q： 送料が無料になる商品を教えて。

Beforeの「～について」という表現では、ユーザーはAになにを期待してよいのかがわからないため、想像するか、勝手な解釈をするかです。このままAを書こうとすると、送料無料に関して考えられるあらゆることを書かなければユーザーの期待に応えられません。

Afterでは、商品を具体的に尋ねるようになっています。したがってAでは送料が無料になる対象の商品を案内するだけで済みます。このFAQを選んだユーザーも期待どおりのFAQと感じます。

Before

Q： 料金の支払い口座を変更したい。

After

Q： 料金の支払い口座を変更する手順を教えて。（インターネット）

Beforeでは、口座変更手続き窓口を知りたい、口座変更時の必要書類を知りたい、口座変更の手続きそのものが知りたいといったユーザーも、このFAQをクリックする可能性があります。そのため、Aはそれらすべてについて書かれた長い文になります。

Afterでは、口座を変更する手順（インターネット）が質問として明記されています。Aでも、インターネットでの口座変更手順を案内するだけで済みます。

これらのようにQの中に、端的なAに導くための条件をできるだけ書くようにします。ユーザーにとって、解決は端的ですぐに読解できるほうがありがたいのです。

まとめ

Aの中で条件分岐があるケースでは、条件ごとにFAQを分割します。そして条件はQの文の中に明示します。するとQとAが一問一答に近付きます。

Aの記載を端的にするためには、Qの文でできるだけ条件などの要素を盛り込みます。その方法の一つが、6W1Hの文体に近付けることです。

改善してみる

改善前1

次のAになるようなQを書いてください。

A1：しろながすくじら
A2：1964年10月10日
A3：天の橋立
A4：次のとおりです。
https://www.example.com/information/receipt_member/login

改善後1

指示されたAになるようなQを書けばよいので自由に書けるのですが、ポイントは「そのA以外にはない」というQの文にする必要があることです。

Q1：世界一の体長を持つ哺乳動物の名前は？
Q2：日本で最初に開催されたオリンピックの開会式の日付は？
Q3：日本三景の一つで京都府北部、宮津湾にある全長3.6kmの砂州は？
Q4：エクザンプルクラブの会員ログインサイトのURLは？

たとえばA1ならば、「世界一大きな生物は？」だと「しろながすくじら」以外にもあり得ます。Qを書くときは、6W1Hのすべてではなくてもできるだけたくさん使うと答えが1つに絞られてきます。

改善前2

次のAになるように、Qを問題＋解決案の文体で書いてください。

A1：月～金曜日は21:00で閉店します。
A2：毎週水曜日の午前中に回収します。
A3：ご購入から1年以内でしたら、部品修理は無料です。
A4：マイページ画面の右下の「明細書」ボタンをタップするだけです。
A5：来年3月31日が無料アップグレードの締め切りです。

改善後2

これも自由に書けるのですが、ポイントはQの基本文体「問題＋解決案」にすることです。ここでは「解決案」はAに指示されている内容なので、「問題」のほうを自由に想像してQにします。

Q1：帰宅が夜遅いのですが、平日の閉店時間を教えてください。
Q2：この地区での古新聞や段ボールなどの回収日を教えてください。
Q3：購入後1年以内で故障した場合の部品修理代を教えてください。
Q4：マイページで明細書を発行する手順を教えてください。
Q5：AAソフトの無料アップグレード期間を教えてください。

6W1Hを意識して、QとAを並べて読んだときに書いた内容にズレや言葉足らずな部分がないことを確かめるのも重要です。

3.3 Qの文に誤解の余地を作らない

良くないFAQの例

斉藤さんはデパートで高級和牛肉を注文し、「冷凍便」で自宅に配達してもらう手続きをしました。配達指定日は斉藤さんが自宅にいる週末にしました。ところがそのあとになって指定日に外出予定が入った斉藤さんは、配達の日付を変更してもらいたいと思いました。

デパートのサイトを見ましたが、配達日変更の方法がどこにあるかわかりません。そこで斉藤さんはFAQサイトで調べてみることにしました。

サイトには次のようなFAQがありましたので、「まさにこのFAQだ！」と思いそのQを選んでAを読んでみました。

Before

Q：配達指定日に受け取れない場合はどうしたらよいのですか？

A：配達指定日に受け取れない場合は不在配達票を残してお荷物を持ち帰りますので所定の再配達のお手続きをお願いします。ただし冷凍お肉の場合は品質保証のために、販売元に返品しますのでご了承ください。（略）

斉藤さんは、このFAQでてっきり配達指定日変更方法がわかると期待したのですが思い違いでした。少し焦り気味に、あらためてデパートに電話して相談することにしました。

このケースでの問題点

このQは、書き方があいまいです。

Before

Q：配達指定日に受け取れない場合はどうしたらよいのですか？

そのため、次のいずれにでも解釈ができます。

❶配達指定日に受け取れない場合の客側の対処方法は？

❷配達指定日に受け取れない場合の店側の対処方法は？

❸配達指定日に受け取れない場合の指定日の変更方法は？

このように何通りにも解釈ができる文は、読む人に誤解を与える可能性があります。このケースでは斉藤さんは❸のように解釈をしましたが、デパート側の意図は❷でした。ユーザーの解釈と企業側の意図が異なるせいで、FAQの情報は斉藤さんには役に立たないものでした。

あいまいな表現は、日常のコミュニケーションでもトラブルの元です。ましてや企業のFAQサイトで結果的にユーザーの期待を裏切ってしまうことになるので企業の信頼に影響を与えかねません。

実はほとんど企業が公開しているFAQで「どうしたらよいのですか？」という書き方のものが掲載されています。このような表現はユーザーの誤解を招くだけではありません。不完全で質問としては稚拙な印象にも映ります。

改善ポイント

下記のようなQにするとどうでしょうか。

After

Q1：配達指定日に受け取れないので指定日の変更方法を教えて。
Q2：配達指定日に受け取れなかった場合の荷物の再配達方法を教えて。
Q3：配達指定日に受け取れなかった場合の荷物の対処を教えて。

上の文なら、ユーザーは安心してFAQを取捨選択できます。誤解の余地がない書き方になっているため、ユーザーの手戻りも避けられます。

「どうしたらよいのですか？」という書き方ではなく、「指定日の変更方法を教えて。」と具体的に知りたいことを表す文にします。わからないことを質問するなら、やはり「○○を教えて」「○○を知りたい」といった「解決案」を明確に表現する文体が適当です。ユーザーからすると解決が期待できる信頼性の高いFAQになります。

あいまいな表現はたくさんあります。たとえば、「どうしたらよいのですか？」から解釈できる質問のバリエーションのサンプルを以下に示します。これを読むと、こういったあいまいな表現がいかにユーザーを戸惑わせているかわかります。

Before

Q：東京大学に行くにはどうしたらよいのですか？

▼

After

Q1：東京大学の最寄りの駅を教えて。
Q2：東京大学への本郷駅からの道順を教えて。
Q3：東京大学に合格できる実績のある予備校を教えて。
Q4：東京大学の入学願書に必要な書類を教えて。
Q5：東京大学の入学するための試験対策を教えて。

Before

Q： カードを紛失しましたがどうしたらよいですか？

▼

After

Q1：カードを紛失した場合の相談連絡先を教えて。
Q2：カードを紛失した場合の利用停止手順を教えて。
Q3：カードを紛失した場合の不正利用がわかる方法を教えて。
Q4：カードを紛失した場合の再発行手続きを教えて。

Before、After

以下では各FAQの質を改善する前後を示します。Before と After の質を比較してください。

Before

Q： 災害ボランティアに応募するにはどうしたらよいですか？
A： 災害ボランティアの応募要項はこちらからダウンロードできます。

▼

After

Q： 災害ボランティアの募集要項があるサイトを教えて。
A： 災害ボランティアの応募要項はこちら からダウンロードできます。

Before の「どうしたら……」では、応募に関するなにを知りたいQかわかりません。文としても稚拙に見えます。

After のAで応募要項のダウンロードサイトを案内しているので、Qもそのことを具体的に示すように書きます。

Before

Q： 無料サポートはいつまでですか？
A： 無料サポートはABC製品のお買い上げ日から6ヵ月間です。

After

Q： 購入後の無料サポートの期間を教えて。

A： 無料サポートはABC製品のお買い上げ日から6ヵ月間です。

Beforeの「いつまで」では、日時を尋ねているのか期間を尋ねているのか、あるいはなにかの日付からの相対的なタイミングを尋ねているのかはっきりしません。ユーザーによっては時刻と考えるかもしれません。

AfterのAでは、お買い上げの日からの相対期間を案内しています。したがってQでもそれに合わせて書きます。

Before

Q： 丸の内セミナーはどのように行けばよいですか？

A： 丸の内セミナー会場には東京駅丸の内中央口が最寄りです。道順は下の地図をご覧ください。

After

Q： 丸の内セミナー会場への東京駅からの道順を教えて。

A： 丸の内セミナー会場には東京駅丸の内中央口が最寄りです。道順は下の地図をご覧ください。

Beforeの「どのように」では、公共交通機関の経路や乗り物とも解釈されるし、道順とも解釈できます。あるいは事前予約の取り方といった解釈もできます。

Afterのようにだれしも同じ解釈ができるように具体的に書きます。

Before

Q： 返品の依頼はどこですか？

A： ご返品は下記のインターネットサイトから簡単に手続きできます。
ご返品受付

After

Q：返品を依頼するインターネットサイトのURLを教えて。

A：ご返品は下記のインターネットサイトから簡単に手続きできます。
ご返品受付

Beforeの「どこ」では、物理的な場所(店舗や配送センター)やWeb上での情報を探している人もこのFAQを選んでしまいます。しかしAはインターネットのサイトのみを案内しています。

Afterのようにインターネットのサイトを案内することをQの文で示します。

ユーザーによって異なる解釈をする余地がない明快で具体的な文を掲載します。

まとめ

Qの文には、たとえば下記のようなあいまいな尋ね方を使わないようにします。

- どこですか？ どちらですか？
- どうしてですか？ なぜですか？
- どうしたらよいですか？ どうすればよいのですか？
- いつですか？ いつまでですか？
- いくらですか？ どれくらいですか？
- どれですか？ だれですか？

ユーザーに誤解を与えない文にするためには、言葉の表現にこだわります。Qで提示する「解決案」について、だれが読んでも同様に解釈できる言葉で書きます。つまり、Aで案内することに沿った具体的な表現で書きます。

改善してみる

改善前1

次のQの文をあいまいな表現をなくして具体的なQの文にしてください。

Before

Q1：会員申し込みができる人はだれですか？
Q2：インターネットのメンバーサイトはどこですか？
Q3：電話がいつもつながらないのでどうすればよいですか？
Q4：店舗をリニューアルするのはなぜですか？
Q5：粗大ゴミの捨て方はどうしたらよいですか？

改善後1

指示されたQは、いずれもあいまいな表現です。「だれ」「どこ」「どうすれば」の部分はユーザーによって解釈が異なる、あるいは回答の予測がつかない文です。

After

Q1：会員申し込みができる条件をすべて教えて。
Q2：インターネットのメンバーログインサイトのURLを教えて。
Q3：コールセンターへの電話がつながりやすい時間帯を教えて。
Q4：店舗をリニューアルして期待できる効果を教えて。
Q5：粗大ゴミの回収を依頼する市のサイトを教えて。

元のQに対する推敲例は上記の改善後の例以外にもいくつも書けます。ということは、元の文ではユーザーにとってもいろいろな意味にとらえられるということです。

そうならないよう、サービスに合った具体的で一意な書き方を模索してください。

改善前2

次のAの文から具体的なQを書いてください。

A1：カードの盗難にあったらまず警察に届けてください。
A2：店内改装のため3月1日より1週間お休みいたします。
A3：生ものは、品質の保証ができかねますので、取り置きはせず返品となります。
A4：交換ができない内蔵電池に寿命があるという意味です。
A5：お食事でテーブルを広くお使いいただくために、ご依頼の際にお持ちするようにしています。

改善後2

もともとAの情報が存在する場合、Aの内容をもとにQの文を具体的にするほどQとAが一問一答になります。たとえば、A1に対しては、「盗難にあったらどうしたらよいのですか？」といったQを書きがちなのですが、盗難にあったらするべきことはいくつもあり、A1で示している回答だけだと足りなくなります。ただA1では、「まず警察に……」とあるので、そこに着目してQを書くようにします。

Q1：カードの盗難にあったら最初に行うことを教えて。
Q2：お店の近日中のお休み予定日を教えて。
Q3：配達品が生ものの場合の再配達できない理由を教えて。
Q4：買った製品に「おもちゃの寿命」の記載がある意味を教えて。
Q5：テーブル席に調味料やナプキンを置いていない理由を教えて。

Aに対してズレがないようにQを書くと、おのずと具体的で一問一答のFAQにすることができます。

3.4 QをYes/Noクエスチョンにしない

良くないFAQの例

山田さんは、家具の通販サイトでソファーセットを購入しようとしています。そのサイトには搬入や据え付けサービスもあるようですが、依頼方法がわかりません。FAQも探してみましたが、依頼方法がわかるものは見当たりませんでした。しかたなくコールセンターの電話番号を調べたところ、すでに時間外だったため明日にすることにしました。

さて翌日のお昼に、山田さんは仕事の同僚とのランチを断って通販のコールセンターに電話をしましたが長く待たされてつながらず諦めました。

夕方に帰宅してもう一度インターネットで調べてみると、次のFAQに山田さんの知りたかった案内があることにはじめて気付きました。

Before
Q：家具の搬入はたのめますか？
A：注文した家具の搬入依頼手続きはこちらから受け付けます。
搬入のご依頼フォーム（略）

実は、昨日もそのFAQに山田さんは気付いていましたが、無視していました。家具の搬入をたのめることはもともと知っていたからです。山田さんは丸1日損をした気分になり、その通販サイトで買う気は失せてしまいました。

このケースでの問題点

以下は「はい」か「いいえ」で答えられる典型的なYes/Noクエスチョンです。

Before
Q：家具の搬入はたのめますか？

これを山田さんが無視していたのは、求めている質問とは思えなかったからです。ところが、このFAQのAには、「はい」か「いいえ」だけではない内容、搬入の依頼方法が書かれていました。Qの書き方が良くなかったために、ユーザーに自己解決のチャンスを与えられなかった典型です。

Yes/Noクエスチョンに対するAは「はい」か「いいえ」が書かれているだろうことはわかります。しかしそれ以上のどのような情報が記載されているかは、ユーザーには推測できません。「はい」か「いいえ」以外のことが書かれている場合、Aがずれているとも、QとAが一問一答になっていないとも言えます。

Aにはせっかく解決案が書かれているのに、Qがそれを明示していないためにユーザーにクリックされないという残念な状態です。

改善ポイント

Qに解決案を明示する

元のFAQを次のように推敲します。

After

Q：注文した家具の搬入を依頼する手続きを教えてください。
A：注文した家具の搬入依頼手続きはこちらから受け付けます。
搬入のご依頼フォーム（略）

上記だとQの文内で依頼手続きという「解決案」を明示しているので、Aへの誘導として完全に一致しています。これなら、山田さんは最初から迷わずにクリックして、自己解決できたはずです。

Yes/NoクエスチョンのFAQは上記の例以外にも、

- ～ありますか？
- ～できますか？
- ～ということですか？

といった書き方のQが多くのFAQサイトで見られます。ほとんどの場合で、それぞれのそのAでは、「はい」や「いいえ」よりも、それらに対する補足や手順などの情報が書かれています。

たとえば、次のように書かれているサイトをよく見かけます。

Before

Q1：年末調整すれば税金は戻ってきますか？
A1：年末調整によって還付される税金の計算方法は次のとおりです。（略）

Q2：ABCの契約は延長できますか？
A2：契約の延長はこちらから受け付けております。

Q3：製品の保証期間なら修理はしていただけますか？
A3：保証期間中いつでも修理受け付けします。こちらにご連絡ください。
hosho-shuri-abcabc@example.co.jp

これらをたとえば次のような文にすると、本来伝えたかった方法などの解決にユーザーを導くことができます。

After

Q1：年末調整で戻ってくる税金の計算方法を教えて。

Q2：ABCの契約の延長手続きサイトを教えて。
Q3：製品の保証期間の修理連絡先を教えて。

さらに上のような書き方にしておくと、ユーザーがYes/Noの答えを知りたいだけならAを読むまでもないことがわかります。一問一答でありながらユーザーには2つのことを伝えられる一石二鳥のFAQになるのです。

AがYESになるケースでは、Aの内容からそっくりQを書くと簡単に書けます。たとえば、

A：注文した家具の搬入依頼手続きはこちらからご依頼を受け付けます。
搬入のご依頼フォーム

上記の文から逆算してQを書くと、次のようになります。

Q：注文した家具の搬入依頼手続きフォームのあるサイトを教えて。

上記のように、Aの文の冒頭をまねしたQを書きます。そしてすべてのFAQで言えることですが、必ずQとAにズレがないかを確認します。

このようにQとAの冒頭をそろえておくとユーザーは安心します。Aがきちんと Q を復唱している形になっているからです。

ネガティブな回答の場合の記述方法

Aでネガティブな内容を案内せざるを得ない場合は、QをYes/Noクエスチョンにするしかありません。たとえば以下のような例の場合、これ以上の情報がなければFAQとしてもこれで大丈夫です。

Q：ABCスポーツクラブに高校生は入会できますか？
A：ABCスポーツクラブは、高校生または18歳未満の方は入会できません。

もしFAQが次のような内容でしたら、Yes/Noクエスチョンではなく基本文体で書くこともでき、またネガティブにもなりません。

Before

Q：ABCスポーツクラブに高校生は入会できますか？

A：ABCジムは、高校生または18歳未満の方は入会できません。
ただし正会員さま同伴でしたら高校生でも利用料1回800円でご利用になれます。

After

Q：ABCジムを高校生でも利用できる方法を教えてください。

A：ABCジムでは、正会員さま同伴でしたら高校生でもご利用になれます。使用料1回800円です。

上記では、高校生は入会できないことを示しつつも利用条件は案内できます。

Before、After

以下では、各FAQの質を改善する前後を示します。Before と After の質を比較してください。

Before

Q：ABCサービスに追加で家族申し込みできますか？

A：ABC会員様のご家族も追加お申し込みできます。
こちらをご案内します。

After

Q：ABCサービスに追加で家族申し込みする手続きを教えて。

A：ABC会員様のご家族の追加お申し込みはこちらです。

After は、追加で家族申し込みができること前提で書かれていますので、Aのように端的な案内だけで完結できます。

Before

Q：　来年もキャンペーンしますか？

A：　はい。キャンペーンは来年も行います。キャンペーンの予定期間は7月1日〜10月31日です。

▼

After

Q：　来年のキャンペーンの予定期間をおしえて。

A：　来年のキャンペーンの予定期間は7月1日〜10月31日です。

こちらの **After** も、キャンペーンを行う（Yes）の前提でQが書かれています。キャンペーンが行われるかどうかだけを知りたいユーザーは、Aまで読む必要はありません。Aは上記のように端的に書けます。

Before

Q：　受け取った払い込み書は、コンビニで処理できるの？

A：　お支払いができるコンビニは、ABC、DEF、EFGの各店舗です。

▼

After

Q：　受け取った払い込み書で支払いができるコンビニを教えて。

A：　お支払いができるコンビニは、ABC、DEF、EFGの各店舗です。

After のようにすることで、コンビニで支払いができることだけではなく、支払いができる具体的なコンビニがAに書かれていることがわかるFAQにできます。

Before

Q：　会員サイトには海外からアクセスできますか？

A：　インターネットにアクセスできれば、会員サイトには世界中のどこからでもアクセスできます。いつもどおり会員サイト（同じURL）にてご利用ください。

※アクセスできない国もあります。事前にこちらをご覧ください。
アクセスができない国

After

Q1：会員サイトの海外からのアクセス方法を教えて。

A1：会員サイトは海外からでも、いつもの（同じURL）で利用できます。インターネットにアクセスできれば、会員サイトには世界中のどこからでもアクセスできます。

※アクセスできない国もあります。事前にこちらをご覧ください。
アクセスができない国

Q2：会員サイトに海外からのアクセスができないケースを教えて。

A2：会員サイトには渡航先の国によってアクセスできない場合があります。事前にこちらをご覧ください。
アクセスができない国

After では、元のFAQを2つの別のFAQにしました。文を分けてQを推敲することで、会員サイトにアクセスできないケースがあることがわかります。またQの文の時点で、Aにアクセスする具体的な方法が書かれていることを明示しています。

推敲されたQの場合「はい」「いいえ」だけを知りたいユーザーは分析上「回答到達」とはカウントされませんが、自己解決は促せます。

まとめ

Qの文を、Yes/Noクエスチョンにしないようにします。もしAに補足があるような場合は、その補足を尋ねるような質問文にするとYesの意向もQの文で伝えられます。一方、AがNoになり補足もないようであれば、Yes/Noクエスチョンにするしかありません。

改善してみる

改善前

次のYes/Noクエスチョンを推敲してください。Aは自由に想定して結構です。Aが「はい」の場合だけではなく「いいえ」の場合も書いてください。

Before

Q1：アプリは無料でバージョンアップできますか？
A1：アプリのバージョンアップ方法は、アプリの右上のメニューをタップし一覧の中から「バージョンアップ」をタップします。（略）

Q2：受け取った服のサイズが合わなかったので交換できますか？
A2：洋服の交換は一度に限り承ります。メンバーログインの上、「交換」メニューでお手続きください。

Q3：冷凍食品を期日指定で注文したのですが、指定日を変更できますか？
A3：冷凍食品の配送指定日の変更は、0120-000-000にお電話ください。ただし、配送予定日3日前までにお願いします。

Q4：カードを退会するのですがポイントを商品券にできますか？
A4：ポイントを商品券や現金にお取り替えはできません。ポイントはカード退会月の月末までにすべてお使いください。

Q5：イギリスのBBB銀行に現金の振り込みはできますか？
A5：イギリスのBBB銀行へは現在は振り込むことができません。ただし20XX年1月1日から振り込みができるようになります。

改善後

改善前で示されたものはQがいずれもYes/Noクエスチョンであるのにかかわらず、Aで手続きや方法を回答しています。Yes/Noに答えているものもあれば答えていないものもあり、QとAにずれがある印象です。改善後の例では、Aで伝えたいことをQで具体的な質問に書き起こしました。またQだけでもYes/Noのどちらかはわかるようにしています。

After

Q1：アプリの無料でのバージョンアップ方法を教えて。
A1：アプリのバージョンアップ方法は、アプリの右上のメニューをタップし一覧の中から「バージョンアップ」をタップします。（略）

Q2：受け取った服のサイズが合わなかったので交換方法を教えて。
A2：メンバーログインの上、「交換」メニューでお手続きください。ただし、洋服の交換は一度に限り承ります。

Q3：冷凍食品を注文したのですが配送指定日の変更方法を教えて。
A3：冷凍食品の配送指定日の変更は、0120-000-000にお電話ください。ただし、配送予定日3日前までにお願いします。

Q4：カードを退会するのですが残ったポイントの利用方法を教えて。
A4：ポイントはカード退会月の月末までにすべてお使いください。ポイントを商品券や現金にはお取り替えはできません。

Q5：イギリスのBBB銀行宛に現金振り込みできるようになる年月日を教えて。
A5：イギリスのBBB銀行宛に現在振り込みは、20XX年1月1日から可能になる予定です。

たとえば、「変更できますか？」ではなく「変更方法を教えて。」のように、はじめからYes前提で書いています。Q4のように回答がNoになる場合でも、「ポイントの利用方法を教えて。」とすることで、「商品券と交換できますか？」という質問をしたいユーザーにも選ばせることができます。

3.5 Qを読む人の立場に配慮する

良くないFAQの例

石井さんは会社から新しいパソコンを支給されました。メール設定などは自分で行えるようにマニュアルもあるので、さっそくしてみました。

設定後、ためしにメールを隣の席にいる原田さんに送信しましたが、「メール来ないよ」と言われました。原田さんのパソコンは以前からメールの送受信はできています。

石井さんのパソコンでは送信エラーは表示されていませんが、なにか自分のメールの設定が間違っているのかと思いました。原田さんが社内ナレッジでFAQを探してくれました。ナレッジの中で最もそれらしいFAQは次のようなものです。

Before

Q： メールが届かない場合は。

2人はそのFAQを読んでみました。

A： メールが届かない場合の受信設定の確認は……（略）

どうやらこれはメールを受信する側の問題を解決するためのFAQのようです。石井さんと原田さんは「届かない」の意味の取り違えに苦笑しました。

このケースでの問題点

「届かない」という表現について、石井さんと原田さんは送信したメールが相手に届かない（送信できない）と思い込みました。自分たちの状況がそうだったからです。

ところがこのFAQは、メールが自分に届かない（受信できない）という意図で書かれていました。文が不正確なために、今回のケースのように間違って選ばれてしまいます。

内部用・公開用問わず、FAQを正確な日本語で書かなければいけないのは言うまでもありません。

改善ポイント

送り手と受け手があるような文の書き方は、特に気を付けないと読み手の立場の違いによってとらえ方が違ってきます。

たとえば、「電話で声がよく聞こえない」といった場合、聞こえない原因（状況）は会話している両者のどちらにでもあり得ますので、それを踏まえて文を書きます。

- 電話の話す声が小さくてよく聞こえない。（送り手側の問題）
- 電話中に周りの騒音でよく聞こえない。（受け手側の問題）

石井さんたちが見たFAQを次のように書きなおすといかがでしょうか。

After

Q1：メールを送信したのに相手が受信しない場合の解決法は。

Q2：メールが正しく送信されたのに受信できない場合の解決法は。

このように書いておくと、石井さんは自信を持って前者のFAQをクリックできます。そして正しく問題を解決できたはずです。

もし「届く」という言葉を使うなら、次のように書けます。

After

Q1：メールを送信したのに相手に届かない場合の解決法は。

Q2：メールが正しく送信されたのに自分に届かない場合の解決法は。

困りごとやわからないことのテーマに対して関係者の「立場」が複数ある場合は、それぞれの立場を考えた文を書きます。このケースでは、「立場」とはメールの送信側と受信側とになります。

どのような立場の人がQを読んでも、間違いないFAQを選択できるようにすることが大切です。次の点を再考してみます。

❶「送る、受ける、行く、来る、入る、出る……」といった表現がある文には、○○から○○へ(英語でいうfrom～to～)を考慮した文を書きます。

- ×入館カードを送る
- ○会社から社員へ入館カードを送る
- ×送付する
- ○顧客から銀行に送付する

❷現象や動きを正確に表現します。

- ×メッセージが出る
- ○メッセージが画面に表示される、メッセージ音声がPCから出る。
- ×パソコンを見る
- ○パソコン画面に表示されている内容を読む。
- ×電気が付く
- ○照明が点灯する。

❷に関しては、口頭で普段使うような表現なのでついつい書いてしまいがちですが、受け取り側は正確に伝わっていないかもしれません。ましてや企業サイトに掲載する場合は、ユーザーに正確に意味が伝わるように書くべきです。

Before、After

以下では各FAQの質を改善する前後を示します。Before と After の質を比較してください。

Before

Q：荷物が届きませんが原因を教えて。

▼

After

Q1：本日予定の荷物をまだ受け取れていませんが原因を教えて。

Q2：送った荷物が相手に届いていないようですが原因を教えて。

Beforeは困りごとが荷物の送り手か受け手かはっきりしません。

Afterのようにすると、困りごとの立ち位置が明快になります。荷物の送付と受け取りのような場合の問題は、送り手と受け手では状況は異なります。またその原因や解決策も違う可能性があります。したがって上記のように2つ別々のFAQができます。

Before

Q：お金が振り込まれるのはいつですか？

▼

After

Q1：相手に入金されるのは振り込みの何日後か教えて。

Q2：自分の口座に入金されるのは何日か教えて。

銀行などでのお金の手続きでは、振り込む側と振り込まれる（受け取る側）という2つの立場があります。Beforeの場合は、どちら側の話かわからない文です。また「いつですか？」という尋ね方についてもあいまいで、具体的な日にちか相対的な日数かわかりません。

After のように書きなおすと質問の立場が明快になり、ユーザーが自分の立場と照らし合わせて選びやすくなります。「振り込み」ではなく、お金の動きがより明快にわかる「入金される」という表現にしました。「いつ」についても、かかる日数か日にちかが明快にわかるようにします。

Before

Q：「冷凍お急ぎ冷凍便」ならどれくらいかかかりますか？

After

Q1：「冷凍お急ぎ冷凍便」なら受け取りは注文後何日か教えて。

Q2：「冷凍お急ぎ冷凍便」の追加料金を教えて。

これは、あいまいな表現のパターンです。そのため Before は、ユーザーが解釈を間違いやすいです。

After は具体的で明快に書かれているので、ユーザーは書かれているそのままのことをAに期待できます。

Before

Q1：テレビのリモコンが動きません。

Q2：テレビが受信しません。

Q3：スマホで動画ができません。

After

Q1：リモコンボタン操作でテレビが反応しない場合の考えられる原因は？

Q2：テレビで音はするのに画像が映らない場合の考えられる原因は？

Q3：スマホのカメラアプリで動画が撮影できない考えられる原因は？

Before は日常ありがちな言い方をそのまま使ったFAQです。言いたいことはなんとなくわかるのですが、いずれも書き方が稚拙で正確ではないのでユーザーは自信を持ってFAQを選べません。

Q1では、リモコンは物理的に動いたりはしません。After のように正確な表現で書きましょう。

Q2では、「テレビが映らない＝受信しない」とは限りません。ユーザーはそのように表現するかもしれませんが、受信しているかどうかを見極めるのは技術的には簡単ではありません。この場合、After のようにユーザーが見たそのものを書き表します。

Q3では、「動画ができない」も口語的にはわからなくはないですが、FAQサイトに掲載するにはあまりに幼稚な書き方です。After のようにユーザーの操作を具体的に書きます。

上記のように、ユーザーの間違いを誘引するFAQは多くの企業のサイトで見られます。いずれもきちんと書かれているようでも厳しく見るとおかしな表現になっています。ユーザーの信頼を損なう可能性もあります。

まとめ

Qを書くときには、困りごとやわからないことに対する異なる立場が複数ないかを確かめます。もしそのような立場があるような場合は、それぞれの立場の人たちが誤解をしないような書き方をします。

- 手紙が届く。
  - →手紙が私に届く。（または手紙を受け取る）
  - →手紙が相手に届く。

改善してみる

改善前

次のQの文を、ユーザーがとらえ方を間違わない文に書き換えてください。設問の意図をよく考えると文が複数になる可能性もあります。

Before

Q1：申込書はいつ届くのか教えて。

Q2：エアコンが冷えない原因を教えて。

Q3：子どもが家族会員になる方法を教えて。

Q4：宿泊でカードは使えますか。

Q5：知らない人のメールはどうしたらよいですか。
Q6：入院時の治療費支払いの手続きを教えて。
Q7：間違った注文の商品を受け取った。
Q8：インターネットが見られない理由を教えて。

改善後

設問のQは、いずれも複数の解釈（ユーザーによっては誤解）ができる文です。したがってそれぞれの改善後の例では2つ以上のQが書けます。もとのQは言葉足らずか、FAQ制作者が一方的に意味を限定しているものです。

After

Q1：送付した申込書が受理されるまでの日数を教えて。
Q1：申込書を依頼したのですが手元に来るまで何日か教えて。

Q2：エアコンの冷房運転で部屋が冷えない原因を教えて。
Q2：エアコンのリモコンで冷房ボタンが効かない原因を教えて。

Q3：中学生以下の子どもの家族会員申し込み手続きを教えて。
Q3：会員の実子（成人）ですが家族会員申し込み手続きを教えて。

Q4：宿泊代支払いができるカードの種類を教えて。
Q4：宿泊の予約ができるカードの種類を教えて。

Q5：メアドも名前も知らない人からメールを受信した場合の対処を教えて。
Q5：名前は知っているが違うメアドからメールを受信した場合の対処を教えて。

Q6：入院したときの保険料（治療費）を請求する手続きを教えて。
Q6：入院保険料（治療費）を病院に支払う手続きを教えて。

Q7：注文したものと違う商品を受け取った場合の対処を教えて。
Q7：注文した覚えのない商品が間違って届いた場合の対処を教えて。

Q8：PCのブラウザでいつもと同じサイトが表示されない理由を教えて。
Q8：PCのブラウザでエラーが表示されてなにも表示されない理由を教えて。
Q8：PCでWi-Fi接続しようとするとエラーとなる理由を教えて。

Q3での「子ども」は、未成年者を指す場合と血縁としての立場のどちらなのかを明確にするべきです。Q6などは、保険会社・契約者の立場かによって保険料は支払われるものか請求するものかが異なります。改善後の例では契約者つまりユーザーの立場で書きました。ユーザーからすると保険料は保険会社に対して請求するものであり、病院に対しては支払うものです。

3.6 Qのリストで視認性を高める

良くないFAQの例

ある日曜日、木村さんご夫婦はデパートに来ました。デパートにはあまり来ない木村さんですが、奥さまが1階でお買い物をしている間、ご自身もワイシャツなどを探してみようと思いました。

そこで木村さんは、壁に掲示されていたフロアガイドを見てみました(**図3-1**)。

ワイシャツはどのフロアにあるのかよくわからなかったのですが、とりあえずバーゲン品でもと考え5階に行きました。ところが5階はベビー用品売り場でした。

もう一度フロアガイドをよく見ると、木村さんの思っていたのとフロアの天地が逆でバーゲンフロアは8階です。さらによく見るとワイシャツは

図3-1　情報のあちこちに目がいき迷ってしまう表示

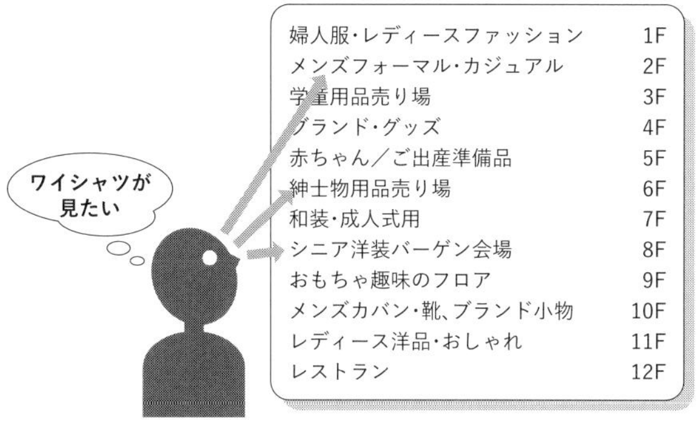

2階にも6階にも8階にもありそうに思えます。

フロアガイドの上に目を漂わせながら木村さんがだんだんと面倒な気持ちになっていると、携帯電話に買い物を終えた奥さまからの着信があり、木村さんのネクタイを選びたいので紳士服売り場に来てほしいと言います。木村さんはそのフロアに行ける自信がないので、「何階なの？」尋ねたところ奥様の答えは「10階よ！」でした。

このケースでの問題点

デパートで木村さんが見たフロアガイドは、お客さまの立場やわかりやすさに配慮が足りないフロアガイドだと言えます。木村さんはあやうく迷子になるところでした。

まず配慮が足りない点は、各フロアでの商品の記載に一貫性がないことです。探したい商品がいろんなところにありそう、あるいはどこにもなさそうと感じるような表記です。お客さまがフロアガイドの上で目を漂わせてしまいます。フロアごとでの商品のとりそろえがまとまっていないようです。

フロア表記の天地が逆になっているのも気になります。現実には、さすがに壁に設置されたフロアガイドでは見かけませんが、パンフレット(紙)などでは見かけることがあります。

このケースはFAQではないですが、お客さまへ向けた情報がまとまって列挙されている点ではFAQサイトでも考慮すべき改善ポイントがあります。

改善ポイント

言葉遣いに一貫性を持たせる

このケースの場合、お客さまへのわかりやすさの配慮は「視認性」です。視認性とは、パッと見た目でのわかりやすさや、見るべきポイントがユーザーにすぐわかるといったことです。視認性について、デザイン分野で確立された参考書が無数にあります。

たとえば、上のケースのフロアガイドを**図3-2**のようにするとどうでしょうか。説明抜きに、もとのフロアガイドよりもわかりやすいはずです。視認性が良くなるとは、細かい説明が必要なくなることにも近いと思います。

推敲後のフロアガイドでの視認性への配慮は、言葉遣いに一貫性を持たせた点です。たとえば男性ものの商品についてはすべて表記を「メンズ」、女性ものは「レディース」、子ども向けは「キッズ」に統一しました。そしてレディース・メンズ・キッズはフロアを近くに寄せているので、ガイドに掲載する場合でもまとまって見えます。

一貫性があるので目立たせることができる

あえて統一しないことでかえって目立たせることもできます。たとえばこの例では低年齢の客でも読めるように「キッズようひん」「おもちゃ」とひらがな表記にしたり、「和装・成人式用」などは漢字にして少々堅い(フォーマルな)イメージを出したりしています。

このように改善すると全体が文字の集まりというよりも、シンボルやイメージのようにとらえることができ、お客さまが注視するべきところや見つけたいものが一瞬でわかるようになります(**図3-3**)。

わかりやすい例で言うと、24色の色鉛筆セットの中から特定の色を見つけるのは簡単です。注視するのは色の違いだけで、それ以外の情報は無視できるからです。ところが、市民マラソンのスタートラインで大勢の参加者の中から友達を見つけるのは簡単ではありません。比べる違いが多いからです。

もう一つわかりやすい例で言うと、本の索引(あいうえお順など)を使えば本の中で目的のページに行くのは容易です。私たちは索引で一文一文を丹念に読むわけではなく、文頭だけを縦に眺めていき、目当ての文頭のところでのみそのあとの文字を読みます。

FAQサイトでもまったく同じような配慮が必要です。たくさんのFAQが

図3-2 迷わない探しやすさを意識した表示

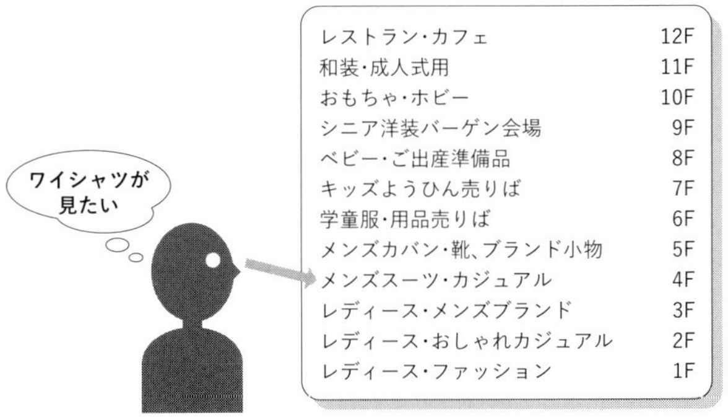

掲載されているFAQサイトでは、全体をパッと見てFAQを見つけるのが早いほどユーザーにとって良いのです。そのためは視認性を高めて、FAQの仕分けをいかに早くできるかが大切です。そこで言葉の統一と全体のパターン化・インデックス化を考えます。

図3-4のサンプルの推敲後のものは、Qの文頭に「緑山市」と付けて、す

図3-3　パターンがあれば見ないところは無視できる

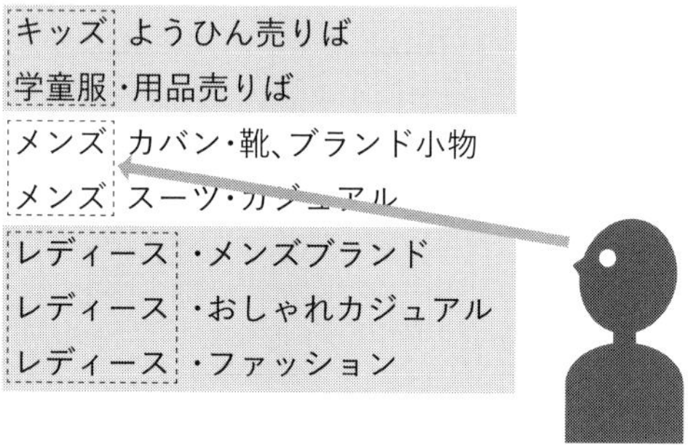

図3-4　視認性を高める変更を行う前と後のQの例

推敲前

Q:印鑑登録証明書を発行してもらいたい。
Q:本人にかわって代理で印鑑登録をしたいです。
Q:現在の戸籍から分かれて自分だけの戸籍(分離届)作成は可能か。
Q:戸籍や住民票の証明書が無料か手数料減免になるか
Q:消除された戸籍の附票の写しは、何年前までのものの交付を受けられるか。
Q:婚姻届はどこに届出するの？また、持参するものは何？
Q:市役所の休庁日や受付時間外にも婚姻届に関する届出可能？

推敲後

Q:緑山市　印鑑登録を発行してもらう手続きを教えて。
Q:緑山市　印鑑登録を発行してもらう手続きを教えて。(代理)
Q:緑山市　戸籍を現在の戸籍から分ける手続きを教えて。(分離届)
Q:緑山市　戸籍の証明書発行手数料を減免できる条件を教えて。
Q:緑山市　戸籍が削除された場合附票の写し交付可能期限を教えて。
Q:緑山市　婚姻の届け先を教えて。
Q:緑山市　婚姻の届けで持参するものを教えて。
Q:緑山市　婚姻を届けられる曜日・時間帯を教えて。

べての文末は「〜を教えて。」に統一しています。全体的には文体を枠にはめたように似た書き方をしています。

推敲前と推敲後で比較するとよくわかりますが、推敲後のものはユーザーの視線の動きを非常に楽にし、その結果求めるFAQをすばやく見つけることができるようになります(**図3-5**)。

視認性の要素

視認性にはいくつかの要素があるのでそれぞれを解説します。

言葉の統一

これは第2章でも述べたFAQの基本ですが、ここであらためて述べておきます。

図3-5　ユーザーは、効率的な視線の動かし方でFAQを探せる

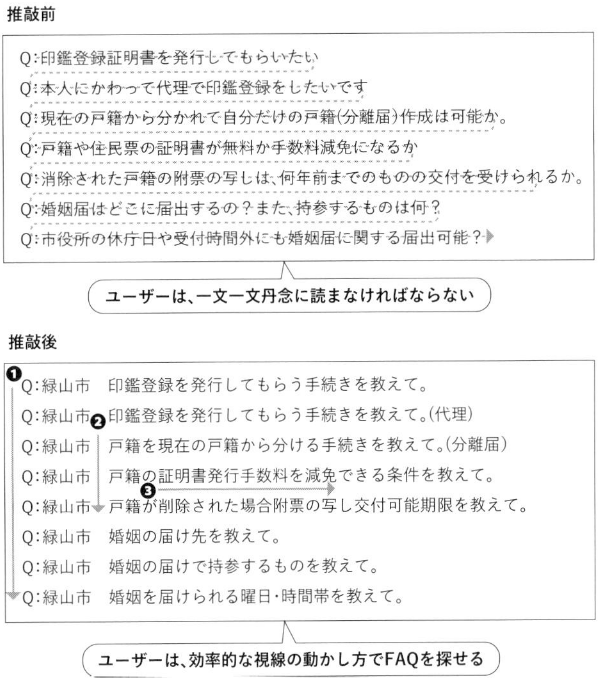

言葉の統一とは、同じ意味の言葉はFAQ全体を通して必ず同一にしておくということで、これは視認性のためでもあります。そのためひらがな・カタカナ・漢字・送りがな・英数・半角全角に至るまで例外なく言葉の統一をします。たとえば「申し込み」に統一するのなら、同じ意味でも「申込み」「申込」「申しこみ」「もうしこみ」といった書き方をしないようにします。

統一する言葉のルールについては、第5章で述べるガイドラインで制定します。

パターン化

パターン化とは、FAQリストの上下で構文や言葉の順番をそろえることです。FAQは一文一文が異なるので色鉛筆のようにはいかないですが、できる限り文をパターン化(定型化)することは可能です。最低限「問題＋解決案」を踏襲し、

Q：○○○○だから○○○○を教えて。

といった構文に統一することはすぐにできます。

文末を「○○○○を教えて。」と同一の表現にそろえるだけでも、リスト全体がパターン化されて視認性は格段に良くなります。ユーザーの視線は○○○○の部分を追うだけで解決案がわかるからです。以下に例を示します。

Q1：パスワード忘れたので、再設定方法を教えて。
Q2：カードをなくしたので、利用停止方法を教えて。
Q3：ポイント利用したいので、利用できる店を教えて。

インデックス化

実際のFAQでは、Qに状況や条件が盛り込まれるほど、ユーザーからは選択のため判断するべき情報が増えます。そこで各Qで共通するテーマ、ユーザーがより判断しやすい言葉を文頭に近付けて書きます。

Before

Q1：ログイン用のカードのパスワード忘れたので再設定方法を教えて。
Q2：クレジット機能付きのカードを紛失したので利用停止方法を教えて。

Q3：たまったポイントを利用したいのでカードが使える店を教えて。

上はいずれも「カード」が共通のテーマですので、カードが冒頭になるように書けばインデックス化できそうです。

After

Q1：カードのログイン用パスワード忘れたので再設定方法を教えて。
Q2：カード（クレジット付）を紛失したので利用停止方法を教えて。
Q3：カードにたまったポイント利用したいから使える店を教えて。

全体の意味を変えずに「カード」を冒頭にしてQを書きなおせました。これによって、FAQのパターン化に加えてインデックス化もできました。こういった推敲がFAQのリストとしての視認性を良くしていくことです。

異形化

異形化とは、ユーザーの見間違いを減らすためのちょっとした心遣いです。

視認性を良くするとユーザーはFAQリストを斜め読みすることもできる反面、ケアレスミスをすることがあります。

身近な例で言うと、エレベーターに乗っているときに、駆け込んでくる人がいたのでとっさに(開)ボタン押してあげたつもりが(閉)ボタンをぎゅっと押さえていた、といったことです。

このボタンの表示をあえて「あける」と「閉」のように異形化、つまり文字の見た目の違いを際立たせると気まずい押し間違いは減ります。

FAQの例では、

Before

Q1：再発行は不可能……
Q2：発行は可能……

といった表現が並んでいると、意味が正しく書かれていてもユーザーは一瞬視線が止まり、慎重になったり読み違えたりする可能性があります。

そこで次のようにすると読み間違えが減ります。

After

Q1：再度の発行はできない……

Q2：発行可能……

こういった場合でも、FAQ全体表現の統一は必要なので、ほかのQもAも「不可能」ではなく「できない」と書くようにします。

Before、After

以下では各FAQの質を改善する前後を示します。Before と After の質を比較してください。

Before

Q1：使用に際してネット電話を申し込みや問い合わせ先をおしえて。

Q2：ネット電話がつながりませんがどこに聞けばよいのか？

Q3：ネット電話の使用をストップする方法について。

Q4：停止手続の際に必要な書類を送ってほしい。

Q5：移転の場合どのような手続きが必要ですか？

Q6：電話のネット料金、使用状況について確認はどうすればできますか？

Q7：迷惑電話のネット電話での対策サービスにはどんな種類があるの？

After

Q1：ネット電話の申し込みや問い合わせ先を教えて。

Q2：ネット電話がつながらない際の問い合わせ先を教えて。

Q3：ネット電話の使用停止依頼の際の手続きを教えて。

Q4：ネット電話の使用停止依頼の際の必要書類を教えて。

Q5：ネット電話を使用者の引っ越しの際の手続きを教えて。

Q6：ネット電話の使用状況や料金を確認する手続きを教えて。

Q7：ネット電話への迷惑対策サービスの種類を教えて。

Before

Q1：送付料は必要ですか？
Q2：お願いした品物が届くのはいつ？
Q3：品物の受け取り日の変更は可能か教えてください。
Q4：大至急、品物が欲しい場合配達日を短縮可能ですか？
Q5：冷凍食品パッケージと一緒に届けてほしい。
Q6：メンバー登録した住所ではない宛先に配送は可能ですか？
Q7：領収書の宛先について。

After

Q1：品物の送付料を教えて。
Q2：品物が受け取れるのはお願いしてから何日後を教えて。
Q3：品物の受け取り日の変更方法を教えて。
Q4：品物が受け取りを至急にしたいので配達日を短縮する手続きを教えて。
Q5：品物の受け取りを冷凍食品パッケージと同じ日にする手続きを教えて。
Q6：品物の受け取り先をメンバー登録した住所以外にする手続きを教えて。
Q7：品物の受け取り時の領収書の宛先を教えて。

Beforeは、一言で言うとユーザーはとても読みにくいFAQリストです。「問題＋解決案」の基本文体ではないし、文末の書き方もまちまちです。各Qの文で同じ意味の言葉遣いも統一されていません。6W1Hを意識していないので、ユーザーが誤解する可能性あるものが含まれます。数人の人がそれぞれ違うルールで書いたような文の集まりです。

Afterは、「問題＋解決案」の文体にして文末はすべて「～を教えて。」にそろえました。また同じ意味の言葉はすべてそろえました。

- 停止、ストップ→停止
- 問合せ、問い合わせ、問合わせ→問い合わせ
- 方法、手続き→手続き

リストになったときに上下のQの文ができるだけそろって見えるように、1番目の例ではQの文の冒頭を「ネット電話……」になるようにしました。

まとめ

FAQはリストの形で閲覧されることを考慮して、俯瞰的な視認性を高めておきます。つまり文を「読む」より全体を「見る」といった考慮をすることで、ユーザーがより速やかに、また間違いも少なくFAQを見つけることができます。

視認性には、言葉の統一・パターン化・インデックス化・異形化などさまざまな方法があります。

改善してみる

改善前

次のQの文を推敲して、全体の視認性を良くしてください。このFAQは、スマホの契約や利用という想定で書いてみてください。

Before

Q1：交換はできますか？
Q2：返品はできますか？
Q3：不良品が届いたのですが、どうしたらよいですか？
Q4：月額払いの請求書を紛失したのですがどうしたらよいですか？
Q5：契約の変更・キャンセルはできますか？
Q6：メンバー登録について。
Q7：きちんと注文ができているか確認したいです。
Q8：いつ届きますか？
Q9：日時の変更はできますか？
Q10：複数の注文をまとめることはできますか？
Q11：梱包がへこんでいたのですが。
Q12：色の変更の申し込み方法は？
Q13：領収書はもらえますか？
Q14：返品の取り消しをしたいのですが。
Q15：メンバー特典について知りたい。
Q16：もう発送はされたのでしょうか。

改善後

設問は、あいまいな表現あり、Yes/Noクエスチョンありとさまざまです。まず、すべてのQを基本文体「問題＋解決案」に書き換えます。また文末はすべて「〜を教えて。」に統一します。次にそれぞれのQを6W1Hに従って書きなおすとともに、共通して現れるスマホ、会員ID、パソコンなどの主題は文の先頭に来るように書き換えます。

After

Q1：スマホの機種変に必要な書類を教えて。
Q2：スマホが初期不良で返品する場合の受付窓口のURLを教えて。
Q3：スマホが届いたが不良品だったので修理窓口のURLを教えて。
Q4：スマホの月額利用の請求書を紛失したので再発行メニューを教えて。
Q5：スマホの契約しているコースの変更をするメニューを教えて。
Q6：会員IDのメンバー登録のサイトのURLを教えて。
Q7：会員IDで新機種の注文ができたか確認するサイトメニューを教えて。
Q8：会員ID登録後の確認書類を受け取れるのは何日後か教えて。
Q9：パソコンの受取時間の変更申込のサイトURLを教えて。
Q10：パソコンを複数台申込む場合の請求先を一緒にする手続きを教えて。
Q11：パソコンの梱包が壊れたので新しい箱の注文URLを教えて。
Q12：パソコンを受取ったが色を変更したい場合の申込URLを教えて。
Q13：ネットで料金を支払った場合の領収書の発行依頼URLを教えて。
Q14：ネットで返品依頼したのを取り消す場合の期限を教えて。
Q15：ネットで注文する場合のメンバー特典の紹介サイトを教えて。
Q16：ネットで注文した品物の発送状況を見るサイトを教えて。

全体的に同じ意味を表すものは同じ言葉を使うようにします。上記を突きつめることで、FAQ全体の視認性が良くなります。

3.7 Qのリストで粒度をそろえる

良くないFAQの例

中野さんは登山の初心者ですが、ベテランの友人に教わりながら毎週のように山に登って徐々に道具をそろえています。

季節も秋から冬にさしかかってきたある日、もしもの時のためにシュラフ(寝袋)の良いものを準備しておくことを友人に勧められました。そこで中野さんは、登山道具の専門ショップのWebサイトでシュラフについてちょっと勉強することにしました。専門ショップのサイトに次のような記事があります。

Before

・登山用のシュラフ（日本製）のラインナップと性能比
・シュラフ種類と保温性能（FP）の関係
・あたたかいシュラフ
・雪山登山用シュラフとその周辺グッズのラインナップ
・FP900のシュラフの性能
・封筒型シュラフ
・シュラフカバーについて
・雪山でシュラフの留意点とより効果的な使い方
・高い山に登るとき
・冬用のシュラフの手入れと保管方法（FP750以上）

中野さんは途中までサイトを閲覧して、なんとなく不安になりました。もう一度リストを読みなおしてみましたが、不安はより高まりました。掲載されていることの一つ一つが、なんとなくいい加減な印象を受けたからです。中野さんはシュラフを別のショップで買うことにしました。

このケースでの問題点

中野さんがサイトにいい加減さ感じた最も大きな理由は、情報の粒度や深度が異なる文が同列に記されていたためです。たとえば、次のように大きなテーマのタイトルと、限定的なテーマでのタイトルが並んでいます。

・高い山に登るとき
・冬用のシュラフの手入れと保管方法（FP750以上）

このような掲載だと、企業側の情報発信のルールも、また情報さえも整理されていないように感じます。すると中野さんのように、サイト全体や企業姿勢に対して疑問を抱く人は少なくありません。要するに企業の姿勢や製品やサービスは、Webサイトの情報掲載のしかたによっても表され、それがユーザーの購買や信頼の判断材料になります。

ましてや特に寒い山でのシュラフは、万が一の際に命を守るものです。中野さんが見たショップのサイト情報掲載のしかたは残念なものでした。

もちろん同じことはFAQサイトでも起こり得ます。

改善ポイント

「情報の粒度や深度」は、「情報の濃さや詳しさ」とも表せます。いかなる情報のリストでも、リスト内では情報の粒度や深度をそろえておくとユーザーの信頼を得られます。

このケースのショップサイトの記事を均一な粒度や深度になるように書きなおすと、次のようになります。

After

・シュラフのラインナップ性能比一覧
・シュラフの保温性能（FP）と保温の関係
・シュラフ（秋山向け）ラインナップ
・シュラフ（冬山向け）ラインナップ
・シュラフ（雪山向け）ラインナップ
・シュラフ（雪山登山用）とその周辺グッズのラインナップ
・シュラフ（FP900）の適正使用と限界
・シュラフ（FP800）の適正使用と限界
・シュラフ（FP700）の適正使用と限界
・シュラフの封筒型とマミー型の違い
・シュラフカバーの必要な場合とは
・雪山で宿泊時の留意点とシュラフのより効果的な使い方
・1000m以上の山に登るときの最低装備
・2000m以上の山に登るときの最低装備

・3000m以上の山に登るときの最低装備
・シュラフの手入れと保管方法

このようにすると、全体的な情報にばらつきがなく、非常に整理された印象になります。

FAQで言うと、Qの粒度が大きく深度が浅いほど表現はおおくくりなので、Aの情報が多くなるはずです。Qの粒度が小さく深度が深い文ほど具体的で精緻《せいち》なので、一問一答になりやすくAも端的になります。

Before

[粒度（大）×深度（浅）]

Q：　大きな湖は？

[説明が長くなる]

A：　琵琶湖は面積、貯水量ともに日本一です。しかし水深は北海道の支笏湖が一番です。支笏湖はまた北海道で最も貯水量が多い湖です。

▼

After

[粒度（小）×深度（深）]

Q：　北海道で最も貯水量が多い淡水の湖は？

[端的になる]

A：　支笏湖です。

FAQはQの文自体の粒度や深度がそろっていることで、案内するA情報について詳しさや量も同程度になります。

実は、本章でここまで述べてきたことを実践するだけで、おのずと全体的に粒度や深度がそろったFAQにできます。特にQの基本文体「問題＋解決案」を守ることやQとAを一問一答にするという意識が、FAQの粒度と深度を一定にしてくれます。

またQを書いたり推敲したりする際に別のQの文(質が高いことが条件)を模倣するのも、粒度や深度をそろえる方法です。簡単なサンプルで説明します。

Before

Q1：CDを読み込めません。

Q2：CDは読み込めるけどDVDはだめな原因と対処を教えて。
Q3：CDドライブ読み取り部のお手入れのしかたについて

いずれのFAQも、文頭は「CD」や「DVD」という言葉が使えます。文末はいずれも「〜を教えて。」に統一することにします。

次に文を読むと、Q1「読み込めません」、Q2「読み込めるけど」の表現は主語がユーザーではなく機械です。一方、Q3のお手入れのしかたは主語がユーザーです。視点はユーザー視点にそろえます。つまりQの文をユーザーが見える事がらとして書きなおします。

Q2では複数のことを尋ねているので、そのままではAの文が長くなる可能性があります。こちらはFAQを分割します。

Q3「お手入れのしかたについて」は、「〜を教えて」に当てはめると「お手入れのしかたを教えて。」と書けます。「問題＋解決案」の「問題」当たる部分は書かれていませんが、こういった場合、もとの文の記載を流用し補足します。たとえば、「読み取り部のお手入れ」→「読み取り部が汚れた」＋「お手入れ」のようにします。これで、「問題＋解決案」がそろいます。

このように、ステップバイステップでQの文を推敲していくと次のよう書けます。

After

Q1：CDを再生できない場合の原因を教えて。
Q2：CDを再生できない場合の対処を教えて。
Q3：DVDを再生できない場合の原因を教えて。
Q4：DVDを再生できない場合の対処を教えて。
Q5：CDのディスク読み取り部が汚れた場合のお手入れ方法を教えて。

Before、After

以下では、各FAQの質を改善する前後を示します。Before と After の質を比較してください。順番を入れ替えているFAQがありますが、Before との対応がわかりやすいよう After での連番は Before と対応させています。

Before

Q1：HDDに録画したタイトルを削除する操作手順を知りたいです
Q2：パソコンを録画することはできますか？
Q3：ケーブルテレビの番組を録画のしかた
Q4：ディスクの蓋が閉まらない
Q5：ハードディスクからブルーレイディスク/DVDへダビングする操作手順を知りたいです
Q6：ブルーレイディスクやDVDにダビングできません
Q7：ブルーレイディスクレコーダーの読み取り部のお手入れのしかたについて
Q8：マーキングとは
Q9：USB外部ハードディスクの録画タイトルをハードディスクにダビングすることはできますか？

▼

After

Q1：HDDに録画したタイトルを削除する操作手順を教えて。
Q2：パソコンに接続して動画を録画する操作手順を教えて。
Q3：ケーブルテレビの番組を録画する操作手順を教えて。
Q5：ハードディスクからブルーレイディスク/DVDへのダビング操作手順を教えて。
Q8：ハードディスクをマーキングする操作手順を教えて。
Q7：ブルーレイディスクレコーダーの読み取り部のお手入れ方法を教えて。
Q4：ディスクの蓋が閉じるボタンで閉まらない原因と対処を教えて。
Q9：USB外部ハードディスクの録画データをハードディスクにダビングする操作手順を教えて。

BeforeとAfterでは、Qの文の要素は内容的にはまったく同じです。Afterでは全体にQの文を読みやすくまた粒度や深度をそろえています。そこから案内されるAも文の構成に統一感のある書き方ができます。Q6はQ5と重複しているため削除しています。

またAfterでは、Qの文末は「○○を教えて」に統一しています。FAQリストの上下のQとそろえるため○○の箇所を俯瞰すると、操作手順・原因と対処・推奨製品……のように種類が一定しています。この「○○を教えて」の部分の表現自体も、FAQ全体の粒度に統一感を出しています。

まとめ

書き方の粒度をそろえることで、ユーザーから見て信頼性の高いFAQにすることができます。書き方の粒度をそろえるには、本章で述べていることを忠実に守るとおのずとかなえられます。またすでに書いたほかの文を下敷きにして書きなおすと、全体に視認性が良く粒度もそろったFAQにすることができます。

改善してみる

改善前

次のFAQを粒度がそろったQにしてください。

Before

Q1：保証はついていますか。
Q2：スピード便を依頼した場合の受け取れる日にちは？
Q3：冷凍で送付してほしい
Q4：離島へ冷凍食品は送っていただけますか。
Q5：送料について
Q6：お皿を注文して受け取ったが1枚破損していたので交換してください。
Q7：定期便で送ってもらっているお水を今週だけストップしたい。
Q8：ラピッドメンバー会員の有効期限を教えてください。
Q9：クレジットカードは使えますか。

改善後

設問はだいたいが粒度が粗いものです。粒度の粗いものは分割して全体に粒度を細かいほうにそろえます。ただしQ5の「送料について」のようにFAQというよりは「カテゴリ」にしたほうがよいぐらいのおおくくりなものはいったんFAQからは省いて、内容を分割して細かくしたほうがよいです。

After

Q1：品物の品質保証にかかる送料を教えて。
Q1：品物の品質保証を受ける条件を教えて。

Q2：スピード便を依頼した場合の受け取れるまでの日数を教えて。
Q2：スピード便を依頼した場合の送料を教えて。

Q3：冷凍便を依頼する手続きを教えて。
Q3：冷凍便を依頼した場合の送料を教えて。

Q4：冷凍便を離島へ送る場合受け取れるまでの日数を教えて。
Q4：冷凍便を離島へ送る場合の送料を教えて。

Q6：注文したわれものを受け取ったが破損していた場合の交換手続きを教えて。

Q7：定期便で送付依頼している品物を一時ストップする手続きを教えて。

Q8：ラピッドメンバー会員の有効期限を教えて。

Q9：注文の料金の支払いに使えるクレジットカードを教えて。

推敲してFAQの粒度がそろってくると、全体に字数もそろってきます。

3.8 Qの文のさまざまなアイデア

ここまで述べた内容で質の高いQを書く方法は網羅しました。ここから記載するアイデアは、「もしこういった場合は？」と疑問に思ったときに参考になればと思います。

専門用語・技術用語を使う場合のアイデア

第2章にて、専門用語・技術用語を使ったFAQを掲載する場合は、突出してその問い合わせが多い場合に限ると述べました。専門用語・技術用語が目立つFAQサイトは全体がわかりにくい雰囲気になり、ユーザーがFAQを探すこと自体を諦めてしまう可能性があるからです。

では突出して多い問い合わせのため、専門用語・技術用語を使うFAQの書き方はどうすればよいのでしょうか。

次のようなFAQがあるとします。

Before

Q： ABCアカウントで取引にてワンタイムパスワードが認証エラーになる。

このQの文で使われている「ABCアカウント」「取引」「ワンタイムパスワード」「認証エラー」は、多くのユーザーが理解できないか耳慣れない言葉です。

「ABCアカウント」のようなサービスに由来した固有の名前などは、企業がお知らせをしていても、それをしっかり覚えているかどうかはユーザーしだいです。

「ワンタイムパスワード」は、パスワードや暗証番号に比べて新しい言葉です。まだ一般的ではない可能性があります。この言葉も企業はお知らせしているはずですが、ユーザーは覚えていないかもしれません。

「取引」「認証エラー」は、企業視点での言葉のように思えます。

たとえば、下記のような推敲アイデアがあります。

After

Q1： ABCアカウント（緑のカード）をネットで使おうとするとエラーになるので解決方法を教えて。

メッセージ「ワンタイムパスワード認証がエラー」

Q2： 緑のABCカードで振り込みしようとすると「ワンタイムパスワードが間違っています」と表示されるので解決方法を教えて。

このように、「緑のカード」や、表示されるメッセージなど、ユーザーが目の前で見ているものを言葉にしてQの文にすると、ユーザーにとってわかりやすくなります。

ユーザーからのお叱りなどを減らすアイデア

第2章でユーザーからのお叱りなどはそのままFAQにしてはいけないと述べましたが、FAQの工夫でユーザーからのお叱りを減らすことができます。

「電話がつながらない！」といったことをお客さまが言われたとします。これをそのまま公開用のFAQにはせずに、次のようなFAQを準備します。

> **Q**：コールセンターに電話がつながりやすい時間帯を教えて。
> **A**：電話がかかりにくくご迷惑をおかけしております。平日のx時〜x時でしたら、比較的つながりやすくなっております。

こういった内容は直接的にFAQで解決するのではなく、上記の代替案のようなFAQを掲載することで、お客さまの一部だけでも困りごとが解決できます。

また、「責任者と話したい」といったお客さまからの強いお叱りに対応するFAQは作れるものでしょうか。むろん完璧ではないですが、次のようなFAQがあることでしっかりお客さまからの不満の声を受け止めて対応していることは伝えられます。

> **Q**：カスタマーからの言葉への改善状況や実績を教えて。
> **A**：サービス向上のためお客さまからのご意見は常に取り入れ改善に取り組んでおります。過去は以下のようなご意見を承り、対応致しました。(略)

「サービスがわかりにくい！」といったお客さまからのご意見に対応するFAQのアイデアです。たとえば次のようなFAQはどうでしょうか。FAQからスムーズに問い合わせフォームにつなげられます。

> **Q1**：サービスについてわかりにくい点を問い合わせる方法を教えて。
> **A1**：申し訳ございません。下記のフォームにてお知らせいただければ早期にお返事申し上げます。
>
> サービス名
> 　＜選択式＞
> お客さまのされたいこと
> 　＜選択式＞　その他（　　　　　　　　　　　　）
> 不明な点＜選択式＞
> 　＜選択式＞　その他（　　　　　　　　　　　　）
>
> **Q2**：サービスやWebページにわからない用語がたくさんあるので教えて。
> **A2**：用語集をご案内します。
> 用語集

このようにユーザーからのお叱りへ直接的な対応ではなく少しでも軽減

するつもりでFAQを準備するとよいのではないでしょうか。

FAQの目的そのものが、ユーザーの自己解決を促してサービス満足度を高めることです。そしてFAQの質を高めることで、おのずとユーザーからのお叱りは減っていきます。

長くなったQの文をシェイプアップするアイデア

ここまで書いたQの基本文体や6W1Hを踏まえると、文自体が長くなる傾向があります。文は短いにこしたことがありません。長くなったQの文を、質は損なわず短くするいくつかのアイデアを紹介します。

単語と構文での短縮

次のQの文を推敲します。

Before

Q: インターネットバンキングを使ってほかの銀行に振り込みをした場合先方の口座にお金が入金されるのは振り込みから何日後か教えてください。

▼

After

Q: ネットで他行の口座に振込したら先方への入金は何日後か教えて。

言葉の使い方しだいで意味もユーザーの読解も損なわず無理なく短縮できました。

工夫としては略称を活用したり、送りがなを省略したりしています。また文内で言葉を倒置(入れ替え)することで、読解しやすさを損なわず無理なくQの文を短くしています。略称を使ったり送りがなを省略したりする場合は、同じ意味の言葉はFAQサイト全体で同様の書き方にします。

記号・シンボルの活用による短縮

さらに、記号やシンボルを利用することで文字数を少なくすることもできます。

Before

Q：ネットで他行の口座に振込したら先方への入金は何日後か教えて。

After

Q：【入金必要日数】ネット振込　本行→他行

こちらの方法は1つのQの文だけを見ると違和感があるかもしれません。しかし複数のQの文が集まると、視認性が際立って良くなります。そして目的のFAQが見つけやすくなります。

After

Q1：【入金必要日数】ネット振込　本行→他行
Q2：【入金必要日数】ネット振込　他行→本行
Q3：【入金必要日数】窓口振込　本行→他行
Q4：【入金必要日数】窓口振込　他行→本行
Q5：【入金限度額】ネット振込　本行→他行
Q6：【入金限度額】窓口振込　本行→他行

短文化のため略称などを使うと、ユーザーに若干わかりにくくなる懸念があります。たとえば「本行」「他行」という銀行業務特有の略称は、一般ユーザーへの認知度を考えて使用可否をガイドライン（第5章で説明）に定めてください。

質を上げつつ短文にしていく

以下は、実際にありそうなFAQの質を高くしつつ文を短くするいくつかの例です。

Before

Q1：スマートフォンのOSをアップグレードしてもらうにはどうすればよいのですか？
Q2：スマートフォンの機種を変更してもらうにはどうすればよいのですか？
Q3：スマートフォンの契約を解約しても無線ランなどでは使えるようになりますか？

After

Q1：スマホOSのアップグレード手続きは？

Q2：スマホの機種変の申込手続きは？

Q3：スマホを解約後もWi-Fiでインターネットを利用する手順は？

上記の例では、まず略語を活用してスマートフォンをスマホに、機種の変更を機種変に短縮するなどしました。またこれまで述べたあいまいな表現から具体的な表現への改善をすることで、短文にすることができました。

Before

Q：会社の異動のため引っ越しをしたのですが、登録している住所などの会員情報はどうすればよいですか、変更方法はどこからすればよいですか？

After

Q1：会員登録している会社住所をWebで変更する手続きを教えて。

Q2：会員登録している自宅住所をWebで変更する手続きを教えて。

Q3：会員登録している自宅と会社住所をWebで変更する手続きを教えて。

会社の異動のため引っ越し……といった事情はユーザー固有でAと無関係なら割愛します。このQの文でのポイントは「登録情報の変更方法」なので、その点に焦点を当てて、あいまいな表現の改善も行いました。

またこのQの文の場合、自宅住所と会社住所両方の変更方法をカバーしていますが、それに該当しないユーザーはFAQをクリックしない可能性があります。したがって自宅住所と会社住所の変更は別々のQの文にし、両方の変更方法も別途設けました。

Before

Q：どこかでカードをなくしてしまったのですが悪用されるのが心配なので使えないように無効にしてもらうにはどうすればよいですか。

After

Q1：カードが使えないように無効化する手続きを教えて。

Q2：カードを紛失した場合の優先手続きを教えて。

こちらもポイントは「悪用防止のためカードを無効にする」ことなので、ユーザーの個々の事情はあえて割愛しました。さらにカードを無効にする手続きだけではなく、カードを紛失した場合の最優先の手続きを問うQの文も準備しました。

Before

Q：パソコンを新しい機種に買い替えたので、ソフトをそちらに移したいです。ソフトのライセンスはそのまま使えますか。また移す手順を教えてください。

▼

After

Q1：ソフトを新しいパソコンに移す手順を教えて。

Q2：ソフトを新しいパソコンに移す場合のライセンス手続きを教えて。

ポイントは「ソフトを新しいパソコンに移す」点にあるので、その手順に焦点を当てて推敲しました。ライセンスは使えますか？というYes/Noクエスチョンになっているので、「ライセンス手続き」を問うQの文にしました。この場合、ライセンス手続きは不要というAになっても、必要というAになってもどちらでも対応できます。

第4章

Aの書き方

本章では、FAQの回答であるAの文の書き方を具体的に述べます。

ユーザーが困りごとやわからないこと(問題)を自己解決するためには、まずはQを見つけてそのAに到達しなければなりません。そしてAの文はユーザーが読める、理解できる、解決できるものにしておく必要があります。

本章でも、項目ごとに良くないFAQのせいで問題を解決できなかったユーザーの体験を紹介し、改善を述べる流れで解説します。

また、Aの文から逆にQの文を見なおすことにも触れます。

4.1 Aの中で場合分け(条件分岐)をしない

良くないFAQの例

渡辺さんは、クレジットカードのオプションでポイントカードを申し込みました。カードが手元に届いたのですぐにポイントチャージしようとしましたが、その方法がわかりません。そこでFAQサイトで調べてみました。

Before

Q: ポイントカードへのチャージ方法について。

上記のQをクリックすると、ポイントのチャージ方法が何種類も書かれています。

Before

A: ポイントチャージの方法

・銀行ATMにて現金でチャージする場合
(略)
・銀行ATMにて口座振替でチャージする場合
(略)
・コンビニレジで現金でチャージする場合
(略)
・カードの買い物でポイントチャージする場合
(略)

Aを見て、渡辺さんはスマホの画面を何度もスクロールしましたが急に面倒になり、ろくに読みもせずにコールセンターに電話することにしました。

このケースでの問題点

渡辺さんはこのFAQが最適だと思いクリックしました。ところが、そのAの説明には複数のケースと、それぞれでの手順が詳しく書かれていたため、大量の文字が目に飛び込んできました。渡辺さんは、文字の多さに辟易して離脱してしまいました。

ユーザーは困りごとやわからないことがあるとき、その解決にあまり時間をかけたくないものです。長い文を読まなくてはならないようだとだれでも辟易します。

このFAQは、Aの内容に複数の場合分け(条件分岐)があったため文字が多いだけではなく、渡辺さんは関係のない不要な情報(条件)も目で追うことになります。ユーザーにとって解決はどれか一つでよいはずです。Aに複数の場合分けがあることで、ユーザーに無駄な手間と時間をかけさせます。

改善ポイント

元のAに書かれていた場合(条件)ごとにFAQを分割してそれぞれQとAを準備すると、以下のようになります。

After

Q1：銀行ATMにて現金でポイントチャージする方法
A1：銀行ATMにて現金でポイントチャージする方法は下記のとおり。(略)

Q2：銀行ATMにて口座振替でポイントチャージする方法
A2：銀行ATMにて口座振替でポイントチャージする方法は下記のとおり。(略)

Q3：コンビニレジで現金でポイントチャージする方法
A3：コンビニレジで現金でポイントチャージする方法は下記のとおり。(略)

Q4：ポイントカードの買い物でポイントチャージする方法
A4：ポイントカードの買い物でポイントチャージする方法は下記のとおり。(略)

こうすれば、FAQを一問一答にすることができます。Aは端的でシンプルになり、文字数だと4分の1に減ります。ユーザーはAの内容を仕分けする手間が不要になり、読む時間も大幅に短縮されます。

上のようにQにある程度条件を明示しておくと、ユーザーはQを選ぶ段階でまず自分の立場に当てはまるものがはっきりわかるので、FAQに信頼を持てます。つまりAを開く前に適切な取捨選択ができるのです。このケースでは、Qを探す段階でポイントチャージ方法が複数あることを知ることができます。

言うまでもなくすべてのFAQのQとAの文は一対です。このように文の質はAとQ相互で高め合います。

Before、After

以下では各FAQの質を改善する前後を示します。Before と After の質を比較してください。

Before

Q：チケットの予約方法を教えてください。

A：お問い合わせありがとうございます。チケットのご予約と購入についてはいくつか方法がございます。以下をお読みになりお客さまの便利な方法で予約およびご購入をお願いいたします。

1. 本店窓口にいらっしゃる場合
本店の窓口は○○駅、○○駅および○○駅にございます。(略)

2. 電話にて予約される場合
電話でのチケット予約のお電話番号はこちらとなります。

0120-XXX-XXX

なお受け付け時間は毎日朝8時から夕方18時までです。(略)

3. インターネットで予約される場合
インターネットでチケット予約をする場合はこちらのサイト（https://tichketxxxx.example.com/）からアクセスください。または「チケット○○」で検索してください。(略)

4. 郵送および郵送でご予約の場合
弊社店舗にある申し込みはがきに必要事項を記入し（略）

なおチケット予約後は予約番号を発行いたします。予約番号の発行に際しては（略）チケット予約後にお支払いをする方は必ず予約番号を添えてお振り込みください（略）

After

Q1：チケットの本店予約窓口のある駅名を教えてください。
A1：チケットの本店予約窓口は○○駅、○○駅および○○駅にございます。(略)

Q2：チケットを電話にて予約する方法を教えてください。
A2：チケットを電話にて予約するお電話番号はこちらとなります。(略)

Q3：チケットのインターネットでの予約方法を教えてください。
A3：チケットのインターネットでの予約方法は次のとおりです。(略)

Q4：チケットを郵送で予約する方法を教えてください。
A4：チケットを郵送で予約する方法は、まず弊社店舗にある申し込みはがきに必要事項を記入します。(略)

Beforeは、Qがおおくくりすぎるために A の内容でたくさんの場合分けがあります。

Afterは、条件ごとにFAQを分割しているので、Aの文が無駄なく端的になります。また条件ごとにQの文を準備したおかげで、BeforeのAの文で書かれていた前置きも不要になりさらに読む文字数を減らせます。

Before

Q：店舗の営業時間とアクセス方法を教えてください。
A：営業時間は、(略)
アクセス方法は、
電車でお越しの場合（略）
バスでお越しの場合（略）

After

Q1：店舗の営業時間を教えてください。
A1：店舗の営業時間は下記のとおりです。(略)

Q2：店舗のアクセス方法を教えてください。(電車)
A2：店舗のアクセス方法（電車）は下記のとおりです。(略)

Q3：店舗のアクセス方法を教えてください。(バス)
A3：店舗のアクセス方法（バス）は下記のとおりです。(略)

Q4：店舗のアクセス方法を教えてください。(自動車)
A4：店舗のアクセス方法（自動車）は下記のとおりです。(略)

Before

Q：カードの盗難にあいました。届け出と再発行の手続きを教えて。
A：カードを紛失された場合は、お客さまのご状況により対応が変わります。以下をよく読んで速やかにご対応お願いいたします。

まだ警察に届けられていない場合は（略）

カードの再発行については次のとおりです。

1. お客さまのクレジット機能の有効期限が2ヵ月以上ある場合
有効期限が2ヵ月以上ある場合はすぐに次の手続きが・・(略)

2. お客さまのクレジット機能の有効期限が今月で終了の場合
お客さまのクレジットカードの有効期限が今月の場合簡単にカードを無効化する手続きが御座います（略)

3. カードの利用状況を確認されたい場合
カードを紛失されてから時間が経っているため現在のお客さまの利用状況を確認されたい場合は（略）

▼

After

Q1：カードの盗難にあった際の届け出を教えて。

A1：速やかに警察に届けを出してください。（略）

Q2：カードの盗難後の再発行手続きを教えて。（有効期限2ヵ月以上）
A2：再発行手続きは下記のとおりです。（略）

Q3：カードの盗難後の再発行手続きを教えて。（有効期限2ヵ月未満）
A3：再発行手続きは下記のとおりです。（略）

Q4：カードの現在の利用について速報をネットで見る方法を教えて。
A4：カード利用速報をネットで見る方法は下記のとおりです。（略）

上記についてBeforeでは、一つのQで複数の質問をしています。そのためAは複数の回答に加え、追加で別の情報も書いています。これではAの文は全体に長くなります。

Afterでは元のFAQのAで提示した内容の要素ごとにそれぞれQとAを準備しました。これでユーザーは最初の段階で自分自身の条件でQを取捨選択し、端的なAを得ることができます。

まとめ

ユーザーにお知らせしたい情報に条件による場合分けがあるときは、条件ごとにまず別々の端的なAにします。そしてそのAになる条件を明示したQを書きます。こうすることでAでは文の中に場合分けは必要なく、したがって条件に関する前置きもいらなくなります。

なお、FAQを分割することで、FAQ自体の数は増えてしまいます。増えたFAQを減らす方法は第7章のメンテナンスで述べます。

改善してみる

改善前

次のFAQを書きなおしてください。

Before

Q：「ABCクラブID」の確認方法を教えてください

A：ABCクラブIDのご確認は次のとおりです。

1. ご契約後10日以内のお客さま（ABCクラブネット）
ご契約時に送付している、以下の書面にてABCクラブID／パスワード／初期値をご確認いただけます。

・契約内容のご案内

※お客さまのお申し込み時期によってABCクラブIDをお伝えする書面が異なります。
※ABCクラブIDのご利用にはID・パスワードが必要です。

2. 2018年4月以降にサービスをご契約のお客さま
ご契約時に送付している、以下のいずれかの書面にてABCクラブID／パスワード／初期値をご確認いただけます。

・契約内容のご案内
・ご利用開始のご案内
・ABCクラブIDおよび関連サービスに関する大切なお知らせ
・ABCクラブID／ABCクラブかんたん決済のサービスに関する大切なお知らせ

※お客さまのお申し込み時期によってABCクラブIDをお伝えする書面が異なります。
※ABCクラブIDのご利用にはID・パスワードが必要です。

3. 2018年4月以前にサービスをご契約で法人光回線のお客さま
次のメールアドレスに空メールをお送りいただくだけで、ABCクラブIDを自動で返信します。

id_kakunin_abc_hojin_hikari@example.co.jp

まだ「固定通信サービス」のABCクラブIDにメールアドレスを登録されていない場合は、恐れ入りますが、メールの返信内容をお読みいただきメールアドレス登録お願いいたします。

※ABCクラブIDのご利用にはID・パスワードが必要です。

4. 2018年4月以前にサービスをご契約で法人ケーブル回線のお客さま
次のメールアドレスに空メールをお送りいただくだけで、ABCクラブIDを自動で返信します。

id_kakunin_abc_hojin_cable@example.co.jp

まだ「固定通信サービス」のABCクラブIDにメールアドレス登録をされていない場合は、恐れ入りますが、メールの返信内容をお読みいただきメールアドレス登録お願いいたします。

※ABCクラブIDのご利用にはID・パスワードが必要です。

5. 2018年4月以前にサービスをご契約で個人契約のお客さま
お客さまセンターまでお問い合わせの上ご相談ください。

⇒クラブABCカスタマーサポートセンター
⇒一般電話から：xxx-xxxx-xxxx（無料）
オペレーター対応時間：8:00〜22:00
それ以外の時間帯の場合：0120-xx-xxxx（無料）

※ABCクラブIDのご利用にはID・パスワードが必要です。

改善後

設問のFAQでは、Aの中でいくつもの場合分けが書かれているため、非常に長文です。改善後の例では、A内で場合分けされている内容ごとにFAQを作り、条件に値するものはQの文に含めました。

After

Q1：「ABCクラブID」の確認方法を教えて。（契約後10日以内）
A1：「ABCクラブID」の確認方法は、ご契約時に送付している、以下の書面にてABCクラブID／パスワード／初期値をご確認いただけます。

・契約内容のご案内

Q2：「ABCクラブID」の確認方法を教えて。（2018年4月以降にご契約）
A2：「ABCクラブID」の確認方法は、ご契約時に送付している、以下のいずれかの書面にてABCクラブID／パスワード／初期値をご確認いただけます。

・契約内容のご案内
・ご利用開始のご案内
・ABCクラブIDおよび関連サービスに関する大切なお知らせ
・ABCクラブID／ABCクラブかんたん決済のサービスに関する大切なお知

らせ

Q3：「ABCクラブID」の確認方法を教えて。（2018年4月以前にサービスをご契約で法人光のお客さま）

A3：「ABCクラブID」の確認方法は、次のメールアドレスに空メールをお送りいただくだけで、ABCクラブIDを自動で返信します。

id_kakunin_abc_hojin_hikari@example.co.jp

もしメールアドレス登録をされていない場合は、恐れ入りますが、メールの返信内容をお読みいただきメールアドレス登録お願いいたします。

Q4：「ABCクラブID」の確認方法を教えて。（2018年4月以前にサービスをご契約で法人光のお客さま）

A4：「ABCクラブID」の確認方法は、次のメールアドレスに空メールをお送りいただくだけで、ABCクラブIDを自動で返信します。

id_kakunin_abc_hojin_cable@example.co.jp

まだ「固定通信サービス」のABCクラブIDにメールアドレス登録をされていない場合は、恐れ入りますが、メールの返信内容をお読みいただきメールアドレス登録お願いいたします。

Q5：「ABCクラブID」の確認方法を教えて。（2018年4月以前に個人契約）

A5：お客さまセンターまでお問い合わせの上ご相談ください。

クラブABCカスタマーサポートセンター
一般電話から：xxx-xxxx-xxxx（無料）
オペレーター対応時間：8:00〜22:00
それ以外の時間帯の場合：0120-xx-xxxx（無料）

上のようにすることでQが具体的で的確になり、Aはシンプルにできました。

4.2 Aに情報を盛り込みすぎない

良くないFAQの例

橋本さんは某メーカーのテレビとビデオをセットで買いました。

さっそくマニュアルどおりにテレビとビデオを配線して今夜の番組を録画予約してみようと思いました。マニュアルにはテレビのリモコンとビデオのリモコン両方の使い方がそれぞれ記載されていて、読んでいるうちに混乱してきました。

そこでマニュアルで案内されていたWebサイトにスマホでアクセスしてみたところ、「録画予約のしかた」というシンプルなFAQがありました。それ以外には適当なものがないのでクリックしました。

FAQのAには、まずテレビから録画予約をする場合とビデオから録画予約する場合に分かれていました。とりあえずビデオから録画する方法を読み進めていくと、ビデオの電源オンの操作から始まり、録画可能時間の確認、番組表を見る操作、そして録画予約の操作と細かく丁寧に続いていました。録画予約の種類も、1回だけ・毎日・毎週などたくさんの設定方法が記載されています。

情報として十分なのですが、橋本さんはだんだんと読むのが面倒になってしまい、録画予約は明日勉強しようと思いました。

このケースでの問題点

このFAQには、橋本さんのわからないことに対しての情報があまりに詳しく懇切丁寧に書かれていました。読むべき情報が非常に多く、橋本さんは頭の中で「情報処理」するのに疲れてしまい断念したようです。

通常ユーザーの立場からすれば、困りごとやわからないことへの解決方法は1つあればよいはずです。一度にあれもこれもといった情報は必要ありません。

Aの内容で条件分岐の記載が多い場合と同様に、すでに知っている情報、今必要な情報、とりあえずは後回しにしてよい情報、おそらく不要な情報……と、情報の仕分けをユーザーに強いている可能性があります。あるいは文字数の多さを見ただけで、ユーザーは読むこともせずに離脱する可能性があります。

そもそも「録画予約のしかた」というおおくくりな表現では、Aを読む前に情報量の過不足がとらえられません。橋本さんは「このFAQだと確信はしていないがわからないことに近い」という感覚でクリックしてみたと思います。

改善ポイント

条件による場合分けがなくても、説明が多くなる情報をFAQにする際はテーマごとに分けます。たとえば、ユーザーが無理なく理解できる内容のステップごとに適切に分けます。無理なく理解できればテレビやビデオの操作もできるようになります。

上記のケースでは、ビデオの電源の入れ方、ビデオの録画可能時間の確認方法、番組表を見る方法、録画予約の方法など、ビデオの録画予約をする前段階の操作についてもきちんと書かれていました。

これらは別々のFAQにしてしまいます。

Q1：ビデオの電源をオンにする方法。
Q2：ビデオでの録画可能時間を確認する方法。
Q3：ビデオでテレビの番組表を見る方法。
Q4：ビデオで録画予約をセットする方法。

録画予約をしたいユーザーが、電源の入れ方や録画可能時間を確認する方法は知っているが番組表を見る方法がわからないのなら、Q1やQ2は無視してQ3とQ4だけでよくなります。

このように適宜テーマごとにFAQを準備したほうが、かえってユーザーの知識や困りごとに応じて細かく対応ができます。Aの中に情報を詰め込むのではなく、FAQ自体を細かく分けてユーザー自身が取捨選択できるようにしておくのです。ユーザーはQを閲覧すればAの内容を具体的に確信してクリックできます。

もう一つ別の簡単な例も述べます。「海外旅行に行く」といった準備の説明は、大まかにはこのような内容です。

行きたい都市を決める、日程を決める、宿泊先のホテルを探す、ホテルを予約する、ビザを取得する、国際運転免許証を取得する、航空チケットを買う、レンタカーを予約する、携行薬を準備する、電源関係の準備をする、スーツケースを準備する、荷造りする……

にもかかわらず次のようなFAQにしてしまうと、上記のビデオ録画同様、Aの情報量は膨らんでしまいます。

Before

Q： 海外旅行に行く準備を教えて。

ここでも個別のFAQにします。

After

Q1：宿泊先のホテルを探す方法
Q2：ホテルを予約する方法
Q3：ビザを取得する方法
Q4：国際運転免許証を取得する方法
Q5：航空チケットを買う方法
Q6：レンタカーを予約する方法
Q7：必要な電源関係の準備の方法

もともとAとしてのすべて1つの情報にまとめようとしていたことを、上のように小分けにします。こうしておくと、ユーザーごとに個々の状況や知識に応じてわからないことだけを選ぶ、つまり取捨選択ができます。

Before、After

以下では各FAQの質を改善する前後を示します。Before と After の質を比較してください。

Before

Q： おいしいトマトの育て方を教えて。

A：

・プランターで育てる場合

プランターは40L以上のものを（略）
土は園芸用品店でトマト専用の用土を買って（略）
土がすでにある場合は、連作障害を避けるため（略）
プランターに土を9分目ぐらいに入れ（略）
元肥を十分に混ぜ込みます（略）
水やりは土の表面が乾いているときに（略）
収穫は実が十分赤くなっているものを早朝に（略）

・農園で育てる場合（略）

After

Q1：トマトづくりに適したプランターサイズを教えて。
A1：トマトづくりに適したプランターサイズに決まりはありませんが40L以上がお勧めです。（略）

Q2：トマトづくりに適した用土を教えて。
A2：トマトづくりに適した用土として初心者にお勧めは、園芸用品店で販売しているトマト専用の用土です。（略）

Q3：トマトづくりの連作障害を防ぐ方法を教えて。
A3：トマトづくりの連作障害を防ぐ専用の肥料が園芸用品店で販売しています。（略）

Q4：トマトづくりで苗を植える前の土の準備を教えて。
A4：トマトづくりで苗を植える際は、まず土を半分ぐらいに入れて元肥を十分に混ぜ込みます。（略）

Q5：トマトづくりで適した元肥を教えて。
A5：トマトづくりで適した元肥は、初心者には園芸用品店で販売しているトマト用配合肥料が良いでしょう。（略）

Q6：トマトづくりの水やりの注意を教えて。
A6：トマトづくりの水やりは実がつきはじめるまでは毎日十分にします。（略）

Q7：トマトづくりの追肥の施し方を教えて。
A7：トマトづくりの追肥はトマトの実が次々に実りはじめたら行います。（略）

Beforeでは、Aの説明に条件分けに加えて、丁寧にトマトの植え付けから収穫までが書かれています。ただこれらの内容がすべて必要な人はあまりいないと思います。このままでは、すべてのユーザーは必要な情報の仕分けが必要です。なによりも文字数が多く歓迎されません。

Afterでは、トマトづくりのステップごとの別々のFAQにしました。ユーザーは自分の知識やわからないことに応じて取捨選択できるように、Qの文で具体的にAの記載内容を示しています。またこのFAQでは、プランターで育てる場合、農園で育てる場合の区別なく使えるFAQがいくつもあります。より情報の共有ができていると言えます。

まとめ

Aを書くとき文に記載するべき情報が多くなり、またそれがいくつかのステップやテーマを含むような場合は、それらのステップやテーマごとに分けたFAQを準備します。

Aの情報はFAQによってさまざまなので、分け方についてはきまりはありません。Aの中に情報が複数にならず、QとAが一問一答になることを意識します。

FAQ自体の数が多くなる懸念はありますが、FAQ単体で見たときに、より多くのユーザーに利用されるかどうかでサイトへの掲載のしかたを決めます。この点については第7章で述べます。

改善してみる

改善前

次のFAQはAが長文になっています。適宜FAQに分けてください。

Before

Q：賃貸住宅の手続きについて教えてください。

A：住居の移転には準備と手続きがたくさんあります。失敗しないためにも詳しく説明します。

・部屋の条件を決める。（略）

・住みたい町を決める。(略)
・生活のイメージをする。(略)
・間取りや欲しい設備を決める。(略)
・賃料の予算を決める。(略)
・賃貸の条件を決める。(略)
・不動産屋に部屋の閲覧や見学を問い合わせる。(略)
・不動産屋と契約条件などを確認する。(略)

改善後

設問のAで記載されていた各項目を、改善後の例では複数のFAQに分けました。解決したいことを具体的にQに盛り込んで、Aを端的に書くようにしました。

After

Q1：賃貸したい部屋を決める条件として考慮するべきことを教えて。
A1：部屋を決める条件として最低限、家賃の予算は考慮します。(略)

Q2：賃貸したい部屋の間取りを決める際に考慮するべきことを教えて。
A2：部屋の間取りを決める際は住む人数やご自分の家具などの荷物量を考慮します。(略)

Q3：賃貸したい部屋の設備で考慮しておくべきことを教えて。
A3：部屋の設備では、最低限必要な設備（トイレ、風呂、キッチン）などの条件を考慮しておきます。(略)

Q4：賃貸したい部屋の内部を見学できないケースを教えて。
A4：賃貸前契約前に部屋の内部を見学できないケースとしては、部屋の貸主が部屋の改修などで準備中の場合が考えられます。(略)

Q5：賃貸の入居審査にはなにがあるか教えて。
A5：賃貸の入居審査には、住民票などの身分証明や家賃がきちんと支払えることの証明の審査などがあります。(略)

個々人の考えで異なる「生活のイメージ」などは、一般公開するFAQとしてはふさわしくないと考え割愛しました。

4.3 AとQを一致させる

良くないFAQの例

中村さんの来週の出張予定は2泊3日でしたが、現地での打ち合わせが増えたため滞在日数を1日延長することにしました。

ホテルの宿泊予約はホテルのWebサイトでできたので、中村さんは滞在延長も同様にできると思いました。しかしサイトのどこを探しても、宿泊延長の手続きページが見つけられません。FAQも調べてみましたが、やはりそれらしいものはありませんでした。

中村さんはしかたなくホテルに電話をして滞在延長の手続きをしてもらいました。そのついでにFAQにはなかったと伝えると、親切なオペレーターさんが案内してくれたのは次のFAQでした。

Before

Q：　ご宿泊についてのネットでのお手続き

A：　宿泊の予約、日程の変更はネットからでも承っております。
宿泊の日程予約は、こちらのサイトから、お手続きください。
すでに予約されている場合はこちらからご確認・変更ができます。（略）

※なお、宿泊の変更、延長は、当ホテルの宿泊予約状況によりできかねる場合があります。

たしかにこのFAQのAを読めば、宿泊の延長手続きもできそうでした。ただ最初に中村さんがFAQリストを見たときは、そうは思わずこのFAQを無視していました。

このケースでの問題点

中村さんがこのFAQを選ばなかったのも無理もありません。

Before

Q：　ご宿泊についてのネットでのお手続き

実際にすでに予約手続きをネットで済ませていた中村さんは、「宿泊の延長」という具体的なイメージを持ちながらFAQを探していました。このようなQの書き方では当然無視するはずです。

Aでは中村さんのわからないことを解決できるのに、Qがそれを示していないため、Aにたどり着けません。QとAが一致していないために、残念ながらユーザーの役に立たない状況になります。

改善ポイント

当然のことですが、QとAは一致した内容でなくてはいけません。QがAの内容を表す正確な文(タイトル)になっている、そしてAがQでの質問に確実に答えている必要があります。ホテルのFAQサイトでも、以下のようにQとAが書かれていたら、中村さんはFAQを見逃さずすぐに解決できたはずです。

After

Q: 宿泊の延長のネットでの手続きを教えてください。

A: 宿泊の延長のネットでの手続きは、こちら(宿泊予約延長ページ)にて必要事項を記入してください。

※なお、宿泊予約状況により延長できかねる場合があります。

これならQとAが完全に一致しています。またAの冒頭はQの冒頭とまったく同じように書くことで、QとAが一致している形にできます。第3章で述べた「復唱」の効果もありユーザーが安心します。

Aではネットでの宿泊延長手続きについてのみ端的に書き一問一答にします。Qで示されている以上の情報をAには書かないほうがよいです。たとえば、次のFAQは良くない例です。

Before

Q: キャンペーンへの申し込み締め切り日を教えて。

A: キャンペーンへの申し込み締め切り日は、202x年3月31日です。お申し込みは必ず会員IDを準備の上、こちらで行ってください。

Qでは「締め切り日」のみを質問していますが、Aでは申し込みサイトや準備するものについて書き添えています。企業側としては老婆心で書き加えた情報でも、締め切り日だけを知りたいユーザーにとっては不要です。

また、もし企業側が上記のFAQをもって申し込みサイトも案内したつもりならばそれは失敗です。Qの文でそのことに触れていないので、実際に申し込みサイトを知りたいユーザーにはたどり着けないFAQになる可能性が高いです。

たとえば次のように、FAQを個別に準備します。

After

Q: キャンペーンへの申し込みのサイトの手続き方法を教えて。

A: キャンペーンへの申し込みサイトはこちらです。お申し込みの際には会員IDでログインしてお手続きください。

どうしてもQで質問している以上の情報をAに書きたい場合は、Qの文を再度書きなおします。

Before

Q: キャンペーンへの申し込み締め切り日を教えて。

A: キャンペーンへの申し込み締め切り日は、202x年3月31日です。21:00が受付の最終時間ですのでご注意ください。

こちらAで書いている「最終時間」をユーザーにきちんと伝えたいなら、Qをほんの少し書きなおすだけで良くなります。

After

Q: キャンペーンへの申し込み締め切り日時を教えて。

A: キャンペーンへの申し込み締め切り日は、202x年3月31日です。21:00が受付の最終時間ですのでご注意ください。

Qで「締め切り日を」としていたのを、「締め切り日時を」とするだけで、「最終時間」がAに書かれていることをユーザーに気付かせることができるのです。

Before、After

以下では各FAQの質を改善する前後を示します。Before と After の質を比較してください。

Before

Q： 引っ越しするので登録している住所の変更はできますか。

A： ご登録のご住所の変更方法は次のとおりです。(略)

▼

After

Q： 引っ越しするので登録している住所の変更方法を教えてください。

A： 登録のご住所の変更方法は次のとおりです。(略)

Beforeで、Qが「〜できますか？」というYes/Noクエスチョンであるのに対して、Aの文では「変更方法」を案内しています。ユーザーにAで書いている情報を期待させたいなら想像してもらうしかありません。ただクリックしてAを見るまでは期待どおりかユーザーは不安だと思います。

Afterのように Qにきちんと「解決案」も書かれていることで、ユーザーは想像したり不安になったりすることなく自信を持ってクリックできます。AもQに一致した内容に書いているからこそ、ユーザーに信頼されます。

Before

Q： 早く送ってくれますか。

A： 急ぎ便の手続き方法は次のとおりです。(略)

▼

After

Q1： 荷物を早く配達する急ぎ便の手続き方法を教えてください。

A1： 急ぎ便の手続き方法は次のとおりです。(略)

Q2： 急ぎ便で荷物を手配したのですが配送状況を教えて。

A2： お荷物の配送状況はこちらから見ることができます。(略)

Beforeは、QとAの文がかみ合っていない印象です。このAは、(荷物を)早く送ってほしいユーザーは、これから送付を依頼するユーザーだと決めつけています。しかしこのQの文を選択するのは、「急ぎ便を頼んだのにまだ荷物を届かない」というユーザーの可能性もあります。

Afterのように、QとAが完全に一致するようにします。さまざまなユーザーの状況を想像すると、このようにパターンごとに複数のFAQが書けます。またQで使用している言葉をAの文の冒頭で引用することで、ユーザーに正しいQを選択したという安心感を与えています。

Before

Q：送付状を200部依頼したのですが受け取る日にちを教えて。

A：送付状はお申し込みから2営業日でお届けします。(略)

After

Q：送付状を200部依頼したのですが受け取る日にちを教えて。

A：送付状はお申し込みから2営業日で受け取れます。(略)

Beforeの違和感は、QとAの言葉遣いが行き届いていない点にあります。Qの文では「受け取る日にち」とユーザーの立場から書いているのに対して、Aの文では「お届けします」と企業の立場からの言葉遣いです。こういった文ではユーザーは、「手元に受け取れるのはいつ？」と不安に感じてしまうかもしれません。

Afterのように、Qの文とAの文でできるだけ同じ言葉を使うことでQとAが一対である感じが出ます。そのことで、ユーザーにも不安なく理解されます。

まとめ

QとAは、一問一答が大前提です。Aの文内での条件分岐や複数の情報がないようにしておきます。そうすると、文のメンテナンスも楽にもなります。Aは長文になりがちなため、管理上メンテナンスコストもかかります。

短くすることのメリットは大きいです。

Aで短く端的な文になるように、Qは必ず「問題＋解決案」の基本文体にします。そのうえで最もやさしいAの書き方は、Qの文をオウム返しにすることです。

Q：宿泊の延長をネットで行う手順を教えてください。
A：宿泊の延長をネットで行う手順は次のとおりです（略）

上記のように、Qの文を流用してAの文の冒頭を書きます。このようにしておくことで、ユーザーも間違いないQを選択してAにたどり着いたと安心します。

Qで尋ねられている以上のことをAの文で書くと、文字数を増やす原因や、ユーザーに無用な情報を与えることになります。もし書き加えたい情報が重要なものなら別のFAQにします。

改善してみる

改善前

次のFAQ（Qの文とAの文）を書きなおしてください。FAQを分割しても結構です。

Before

Q：契約しているファイルサーバの容量増加はできるか？
A：**お客さまがゴールドメンバーの場合**
容量は500ギガまで増加できます。容量増加の手数料は不要ですが、月額が1,980円となります。容量追加の手続きはメンバーサイトから行います。メンバーサイトにログインし「設定」メニューから、容量管理ボタンをクリックして手順に従ってお手続きください。月額はお申し込み月翌月末から現在の口座より新しい請求額で自動引き落としされます。

お客さまがシルバーメンバーの場合
容量は200ギガまで増加できます。容量増加の手数料は不要ですが、月額が1,680円となります。容量追加の手続きはメンバーサイトから行います。メンバーサイトにログインし「設定」メニューから、容量管理ボタンをクリックして手順に従ってお手続きください。月額はお申し込み月翌月末から現在の口座より新しい請求額で自動引き落としされます。

お客さまが無料メンバーの場合
容量の増加はできません。現在有料メンバーの入会キャンペーン中ですので、初期費不要で入会できます。お申し込みは、こちらから。

改善後

設問のFAQではQがYes/Noクエスチョンになっているのに対して、AではQに直接答えるのではなく条件分岐が複数あるいくつかの手続きを書いています。

改善後の例では条件分岐ごとにFAQを分割し、QはYes/Noクエスチョンではなく「〜の手続きを教えて。」という文にしました。

After

Q1：ファイルサーバの容量増加依頼手続きを教えて。（ゴールドメンバー）
A1：容量追加の手続きはメンバーサイトから行います。メンバーサイトにログインし「設定」メニューから、容量管理ボタンをクリックして手順に従ってお手続きください。500ギガまで増加できます。

Q2：ファイルサーバの容量増加依頼手続きを教えて。（シルバーメンバー）
A2：容量追加の手続きはメンバーサイトから行います。メンバーサイトにログインし「設定」メニューから、容量管理ボタンをクリックして手順に従ってお手続きください。容量は200ギガまで増加できます。

Q3：ファイルサーバの容量増加依頼手続きを教えて。（無料メンバー）
A3：手続きをして、有料メンバーにお申し込みください。無料メンバーのままでは容量増加はできません。

Q4：ファイルサーバの容量増加した場合の料金を教えて。
A4：容量追加の手数料は無料です。
500ギガ増量した場合、月額が1,980円になります。
200ギガ増量した場合、月額が1,680円になります。

このようにすることで、それぞれが一問一答になりました。最後の料金に関してのみ、シンプルなのでAに2パターンの情報を掲載しました。

4.4 Aには結論をまず示す

良くないFAQの例

前田さんは健康サポートアプリを使っています。このアプリで新機能を使えば、病院の定期健診結果と情報連動するサービスを受けられます。そのためにはマイナンバーをアプリに登録する必要があるようです。マイナンバーはインターネット経由でアプリのサーバ側に登録されるそうですが前田さんは登録の操作方法がよくわかりません。それに個人情報の入力なので不安もあります。

前田さんは慎重を期して健康サポートアプリのFAQサイトも読みました。すると次のようなFAQを見つけました。

Before

Q: アプリからマイナンバーを登録する方法を教えて

A: このたびは、多くのサービスの中から当社健康サポートアプリを選んでいただきありがとうございます。これからお客さまの健康のために役立てるサポートをしてまいります。

アプリのインストールは無事におすみですか。ご使用の前の準備について説明しますね。

アプリの操作にはマイナンバーの登録が必要です。お客さまの個人情報を取り扱うことになりますが当社はインターネットサービスのセキュリティに万全の機能を備えたアイアン・ウォール社と業務提携し万全なセキュリティを健康サポートサイトで確保していますのでご安心ください。

そして会員様のマイナンバーなどの個人情報の取り扱いには非常に強力なセキュリティを備えたアイアンWALLというシステムを使用しております。（アイアンWALLについて詳しくは、こちらのアイアンWALL仕様をご覧ください。）マイナンバーの登録の前に、アイアンWALLへの登録をお願いしております。アイアンWALLの登録後、マイナンバー登録はこちらからお願いします。

なお、インターネット通信障害や天災という不測の事態によるサーバ障害でアプリの利用ができなることがありますが、当社では責任を取りかねますのでご理解のほどよろしくお願いいたします。

前田さんはFAQをじっくり読もうと思いましたが、マイナンバー登録操作ために知識や事前の操作が必要そうです。こういったことに不慣れな前田さんにはより一層わからないことと不安が増え、アプリをアンインストールすることにしました。

このケースでの問題点

このFAQは、前田さんが知りたいことがわかるまでの前置きが長すぎます。Aにあいさつ文や宣伝めいた文が先にあって、知りたい点になかなかたどり着けません。

前田さんのように不安があるユーザーは、最初からしっかり読もうとするはずです。聞き慣れないサービス名が出てきたり、どこからどこまでが重要なのか判断しにくかったりすると、途中で読むのに疲れてしまいます。最悪は、離脱する可能性もあります。

たとえば、冒頭の「このたびは、多くのサービスの中から〜準備について説明しますね。」は、ユーザーの問題解決に必要ではありません。企業姿勢を表したい気持ちはわかりますが、こういった月並みなお礼やあいさつ文の記載があっても、ユーザーからは評価されません。文末の「なお、インターネット通信障害や〜理解のほどよろしくお願いいたします。」も、FAQとしては不要です。ユーザーをより不安にするだけです。

「アプリの操作にはマイナンバーの登録が〜こちらのアイアンWALL仕様をご覧ください。)」も、前置きとしては必要ではありません。半ば宣伝のようにも見えますし、ユーザーがこのセキュリティシステムについてすでによく知っている人なら文字数の無駄です。また特に知っておかなければいけない情報とも思えません。どうしても書いておきたいのなら、文末に書き添えることをお勧めします。

結論は早く知りたいのが人間の心情です。「くどくど言わず先に結論から言いなさい。」は、会社の上司から部下への決まり文句です。

改善ポイント

前田さんが見たAを次のように書きなおしてみます。全体に内容の前後を入れ替えました。前置きにあったお礼やあいさつ文はすべて省き、中ほどの説明のうち参考情報を後段に移動しました。ユーザーの問題解決のため最も大切な部分は箇条書きにして読んで理解しやすくしました[注1]。

After

Q：インターネット経由でマイナンバーを登録する方法を教えて。

A：インターネット経由でマイナンバーの登録は次の手順でお進めください。

①アイアンWALLへの登録
②マイナンバー登録

ご参考
お客さまの個人情報を取り扱うことになりますが当社はインターネットサービスのセキュリティに万全の機能を備えたアイアン・ウォール社と業務提携していますのでご安心ください。

会員様のマイナンバーなどの個人情報の取り扱いには非常に強力なセキュリティを備えたアイアンWALLというシステムを使用しております。

アイアンWALLについて詳しく知りたい方は、こちらのサイトをご覧ください。

前置きは、解決の前に必ず知っておくべきことがある場合にのみ書いておきますが、このFAQでは不要です。

ユーザーへの解決策をAの冒頭に書き、あとに補足説明をします。ユーザーは先に結論が得られるので早めにわからないことが解決できて安心します。

このように、ユーザーにはまず解決策を読んでもらいます。気持ちが落ち着いたらほかの情報も読む心のゆとりが生まれるので、補足説明は「参考」として最後のほうに書きます。この順番にすると、ユーザーの不安感の払拭に効果的です。

あいさつやお詫び的な記載は一切なくなりましたが、そのことによってマイナスな印象は受けません。逆に文が端的になったおかげで、ユーザーが手続きに入るのが早くなります。メールやチャットのように「対話」的な場合は相手がはっきりしているので、あいさつやお詫びの文があってもよいかと思います。一方FAQは不特定多数へ向けた「公示」です。あいさつ文やお詫びは、ユーザーにはわざとらしい印象に映ります。

注1　箇条書きについてはこのあと「Aは箇条書きにする」で解説します。

なおこのアプリのFAQサイトには、次のようなFAQも別に準備しておくとよいかもしれません。

Q： マイナンバーなどの個人情報の取り扱い時のセキュリティのしくみを教えて。

A： マイナンバーなどの個人情報の取り扱いには、当社はインターネットサービスのセキュリティに万全の機能を備えたアイアン・ウォール社と業務提携をして万全なセキュリティを健康サポートサイトで確保しています。

会員様のマイナンバーなどの取り扱いにはアイアンWALLというソフトを採用しております。詳しくお知りになりたい方は、こちらのサイトから。

Before、After

以下では各FAQの質を改善する前後を示します。Before と After の質を比較してください。

Before

Q： ハローポイントのクレジットカードお申し込み方法

A： いつもハローポイントカードのご利用ありがとうございます。当カードのクレジット機能お申し込み方法を以下にご案内いたします。なお18歳未満の方、年収が200万円未満の方は原則としてお申し込みができませんのでご了承ください。ただし年収が200万円未満の方でも、ハロー特約の条件に合う方の場合はお申し込みが可能です。ご迷惑をおかけして申し訳ございませんが、上記をご了承のうえお手続きください。

お申し込みの手続きは（略）

▼

After

Q： ハローポイントのクレジットカードお申し込み条件を教えて。

A： ハローポイントのクレジットカードは下記のどれかを満たせばお申し込可能です。

・18歳以上の方
・年収が200万円以上の方
・ハロー特約条件○○○○に合う方

Beforeにあるあいさつ文や後段のお詫び文はAfterで省きました。また「申し込み条件」は箇条書きにして読みやすくしました。またQの文も若干書きなおしました。

Before

Q：商品を返品する手続きを教えてください。

A：商品がお気に召さない、注文と異なっているといった際のご返品に際してたいへんご迷惑をおかけいたしました。心よりお詫び申し上げます。
ご返品はいつでも承ることができます。また今後ともご愛顧のほどよろしくお願い申し上げます。

返品はこちらのフォームからお手続きください。

お客さまご都合での返品の際の送料についてはたいへん申し訳ございませんがお客さまご負担となりますことご了承ください。今後とも良い商品の品ぞろえに心がけますので、ご愛顧のほどよろしくお願い申し上げます。

こちらのフォームからお手続きください。

After

Q1：商品が不良だったので返品する手続きを教えてください。

A1：商品が不良の際の返品する手続き
こちらのフォームからお手続きください。

Q2：商品を都合により返品する手続きを教えてください。

A2：商品をお客さま都合により返品する手続き
こちらのフォームからお手続きください。

※送料はお客さまご負担となります。

BeforeのAの文には条件分岐がありますので、ユーザーによっては無駄な情報(文字数)が多くなります。お詫びや気兼ねの文もAを長くしている原因です。

AfterではFAQを分割し、お詫びなどの文をすべて省きました。そのことでAの文が2〜3行に収まり、文字数も少なく端的で読みやすい文になりました。また、客の都合で返品するケースにおいては「送料はお客さま負担」をいきなり冒頭に記載せず、2行目に※を付けて補記する形にすることで、表現を若干やわらかくしました。

Before

Q：電話がつながらない！

A：ご迷惑をおかけしておりますこと深くお詫び申し上げます。ただいま当社はお客さまのためのサポート改善に全力で務めております。なにとぞご理解とご了承を賜りますこと深くお願い申し上げます。

なお、比較的コールセンターにつながりやすい時間帯は、8:00〜9:00、15:00〜16:00となっております。よろしければご活用ください。

引き続き○○○○サービスをよろしくお願いいたします。

▼

After

Q：電話がつながりやすい時間帯を教えて。

A：電話がつながりやすい時間帯について、 今の時期は下記時間帯をお客さまにお伝えしております。

8:00〜9:00または、15:00〜16:00

ただいま当社はお客さまのためのサポート改善に全力で努めております。

Beforeのこういったお客さまからのお叱り対応のFAQについては、基本的にFAQサイトに掲載しないほうがよいと第2章のコラム「こんなFAQは掲載しなくてよい」で述べました。このような書き方ではFAQは企業にもユーザーにとってプラスにはたらきません。

Afterのように、「電話がつながりやすい時間帯」を伝える、ユーザーにとってプラスになる書き方にするとよいと思います。企業側の取り組みも、ポイントを書くだけでユーザーには十分に伝わります。

あいさつやお詫びで文字数を費やすぐらいなら、ユーザーへのご提案をFAQで提示するほうが前向きで建設的です。

Before

Q：新エクセレントメーラーでのスパムメールを受信しないようにする設定方法

を知りたい。

A：エクセレントメーラーの導入ありがとうございます。最新のエクセレントメーラーではセキュリティ機能がより強力になりました。迷惑メールのフィルタリングはもちろんのことすべての受信メールの振り分けもサーバ側で行いますので、あなたのパソコンのパフォーマンスは速いままです。

スパムメールのフィルタリングは、迷惑メールと同様のしくみです。サーバ側で学習型の迷惑メール辞書によって自動的に破棄されるしくみです。それに加えてあなたが指定した特徴のメールをサーバ側に設定すれば、同様にフィルタリングし破棄されます。スパムメールのメールアドレス、メールタイトル内の文字列、メール本文内の文字列などで特定できますので、手順に従ってサーバに登録します。

スパムメールの指定のしかたは、ホームメニューのから［フィルタリング］を選んでクリックします。画面にスパムメール設定ダイアログが表示されます。ダイアログの入力窓に、フィルタリングしたいメールの特徴を入力してください。メールアドレス、タイトルに含まれる言葉、本文に含まれる言葉、いずれか最低1種類に入力して、最後に［OK］ボタンをクリックしてください。（略）

After

Q：新エクセレントメーラーでのスパムメールを受信しないようにする設定方法を知りたい。

A：スパムメールは、迷惑メールと同様サーバ側で学習型の迷惑メール辞書によって自動的に破棄されます。

またあなたが独自に指定した特徴のメールを受信しないようにするには、サーバ側に設定できます。

スパムメール設定手順は下記のとおりです。

①ホームメニューのから［フィルタリング］をクリック
②画面にスパムメール設定ダイアログが表示されます。
③次の入力窓に、フィルタリングしたいメールの特徴を入力します。
・メールアドレス
・タイトルに含まれる言葉
・本文に含まれる言葉
④上記、いずれか（最低1つ） に入力したら最後に［OK］ボタンをクリックします。

サーバ側の迷惑メール辞書に加えて、あなたが指定した特徴のメールは以降自動的にフィルタリングされて破棄されます。（略）

このQを選んだユーザーには、Beforeのような冒頭の文は不要です。「眠気覚ましにコーヒーが飲みたい」と言う人に、「眠気覚ましにはコーヒーがよいですよ」と言っているようなものです。

Afterでは、Aの文の前半で解決に関係することをまず提示しました。また「エクセレントメーラーの導入ありがとうございます。〜あなたのパソコンのパフォーマンスは速いままです。」の記載はすべて省きました。解決とは直接関係ないですし、無駄に文字数を増やしているからです。

Before

Q：インターネットで利用明細の確認方法を教えて。

A：ご利用明細はインターネットでいつでも見ることができます。まずはお客さまがインターネットに接続しているかをご確認ください。スマホの場合（略）。インターネットに接続されていることを確認されましたら、会員サイトへアクセスしてください。右上でログインID、パスワードを入力してログインします。もし右上でログインID、パスワードをお忘れの場合は、FAQログインIDやパスワードを忘れた場合をご覧ください。ログインができましたら次に（略）

After

Q：インターネットで利用明細の確認方法を教えて。

A：インターネットで利用明細の確認方法は次のとおりです。

①会員サイトへアクセスしログインID、パスワードを入力してログインします。
②ログインができましたら次に（略）

※ご利用明細をインターネットで確認前にインターネットに接続しているかをご確認ください。
※ログインID、パスワードをお忘れの場合は、FAQログインIDやパスワードを忘れた場合をご覧ください。

Beforeで書かれている情報のうち解決のため必要となる箇所は一部分です。Afterではそれを抽出してまとめています。「会員サイトへアクセス

〜」「ログインができましたら、次に〜」の箇所です。これをそのまま冒頭に持ってくるだけで、ユーザーには解決が近くなった印象になります。

まとめ

Aは必要最小限の情報だけ掲載するのが、ユーザーの解決にとって即効性があります。

Aの文で必ず記載しなければならない情報をまず列挙します。列挙したものだけを要点としてAを書きます。あいさつ文やお詫び文は必要な情報ではありません。ユーザーを安心させるためにどうしても宣伝・あいさつ文・お詫び文を記載したい場合は、文末に短く書き添えます。

最終的に書きなおしたAは、箇条書きになる場合もあります。箇条書きにすることでユーザーはさらに読みやすくなります。箇条書きについてはこのあとの「Aは箇条書きにする」で解説します。

改善してみる

改善前1

次のFAQを書きなおし、Aが無駄なく端的になるようにしてください。

Before

Q：メールが届かない場合について

A：お問い合わせありがとうございます。ご迷惑をおかけして申し訳ございません。〇〇アクセスサービスの再通知・パスワードの再設定のメールがお届けのメールアドレスに届かない方や、登録中のメールアドレス自体がわからなくなった会員様は下記にございますお問い合わせより〇〇アクセスサービスヘルプデスクに御連絡ください。

なお、お客さまの現在のパスワードをヘルプデスクでお教えすることはできかねます。ご不便をおかけしますがあらかじめご了承いただきますようお願い申し上げます。

お問い合わせ

改善後1

設問のAにある、「お問い合わせありがとうございます。ご迷惑をおかけして申し訳ございません。」「ご不便をおかけしますがあらかじめご了承いただきますようお願い申し上げます。」はユーザーの問題の解決には関係なく、文字数を増やしているだけなので削除しました。またAには条件分岐があるので、別々のFAQに分けました。

After

Q1：お知らせメールを受け取れない場合の対処を教えて。

A1：次のようなお知らせメールを受け取れない場合は、お問い合わせで○○アクセスサービスヘルプデスクにご連絡ください。

- ・○○アクセスサービスの再通知
- ・パスワードの再設定のメール

Q2：登録した自分のメールアドレスがわからない場合の対処を教えて。

A2：登録した自分のメールアドレスがわからない場合は、お問い合わせで○○アクセスサービスヘルプデスクにご連絡ください。なお、お客さまの現在のパスワードをヘルプデスクでお教えすることはできかねます。

それぞれのQの文についても基本文体にして、「解決案」の箇所は書きなおしたAの内容に合わせました。ちなみにこの設問のAはヘルプデスク（コールセンター）への誘導となっており、FAQとしては自己解決ができないので本来はお勧めではない方法です。

改善前2

次のFAQを書きなおし、Aが無駄なく端的になるようにしてください。

Before

Q：エリア内で携帯電話（スマートフォン）は使えますか、また自撮りしてよいですか？

A：携帯電話（スマートフォン）は持ち込めますが、通話や操作は所定エリアにてお願いしておりますのでご了承ください。トレーニングエリアでは、音楽視聴は可能ですが、ゲームは禁止しておりますのでご理解ください。エリア内はいかなる場所でも写真撮影は禁止させていただいております。皆様の気持ちの良い利用のためなにとぞご理解とご了承をお願い足します。今後もスポーツクラブ○○をなにとぞよろしくお願いいたします。

改善後2

この設問の文末のあいさつ文が不要なことはわかるかと思いますが、文の端々にある「ご了承ください」「ご理解ください」もユーザーの解決のためには必要ありません。

After

Q1：エリア内で携帯電話（スマートフォン）通話してよい場所を教えて。
A1：エリア内で携帯電話（スマートフォン）通話してよい場所は、エリア内に看板のある所定の場所のみです。携帯電話（スマートフォン）は持ち込めます。

Q2：エリア内で自撮りなど撮影してもよい場所を教えて。
A2：エリア内はいかなる場所でも写真撮影は禁止となっております。

またこのFAQには2つの質問とその回答が含まれているので、別々のFAQに分けました。

改善前3

FAQのAの文で結論が最初に来るように書きなおしてください。

Before

Q：お正月前にスーパー冷凍便で配達を依頼した場合、お届けはいつ？
A：私どもは「新鮮なものをおいしいしいうちに」をモットーにお客さまにお届けしています。新鮮な魚介類、お肉、お野菜はご注文後すぐに梱包し冷凍便で翌日（ご注文が午前中の場合）、翌々日（ご注文が午後の場合）にお届けします。なお年始は繁忙期のためにお届けが遅くなる場合があります。年始のご注文は1月3日までのお届けとなります。

改善後3

設問のAからQで知りたいことの必要最小限を取り出すと、次のように箇条書きにできます。冒頭の「私どもは～冷凍便で」の部分はすべて削除してもユーザーの解決の支障にはなりません。ただ冒頭の部分で企業として強調したい内容と、設問の文末のただし書きは、Aの文末に書いて残しました。またQにはあいまいな表現があったので書きなおしました。

After

Q： 年末にスーパー冷凍便で配達依頼した場合、荷物の受け取り日数は？

A： ・ご注文が午前中の場合：翌日には受け取れます。
・ご注文が午後の場合：翌々日に受け取れます。

※新鮮な魚介類、お肉、お野菜はご注文後すぐに梱包し冷凍便でお送りします。
※なお1月1日〜1月3日のご注文はお届けが遅くなる場合があります。

4.5 Aで使うすべての言葉に配慮する

良くないFAQの例

飯島さんは、ある会員制の投資ファンドに興味があり、そのファンドのFAQサイトを読みながらしくみについて調べていました。その一つに、このようなFAQがありました。

Before

Q： 会員申し込みの手続き方法を知りたい。

A： 申請から会員カードの発行まで約1週間を要します。まずは、お手元の会員申し込みDMに必要事項を記入の上、投函ください。まもなく会員カードを発行いたします。カードが届きましたら初期登録を行います。初期登録について詳しくはカードと同封している説明書をお読みください。登録が完了しましたら通知されるので、その日からご利用が可能になります。なお、カードのご利用明細は毎月こちらのサイトから確認できます。

飯島さんは、このFAQを読んでいくつか疑問が浮かび同時に不安になりました。しかしそれについて飯島さんはこれ以上調べようとは思いませんでした。この投資ファンドのサイトを調べてもまた同じような疑問が浮かぶ気がしたからです。

飯島さんはこのような文章の記載をサイトにしているようなファンドの会員になるのはやめることにしました。

このケースでの問題点

このケースで飯島さんが読んだFAQのような文は、実は私たちの日常でもよく見かけます。この文の良くない点を、ここまで述べてきたことも踏まえて以下に述べます。

- Qでは「申し込み」と表現しているのにAでは「申請」と表現している
- Qでは「手続き方法を知りたい」と質問されているのに、Aの冒頭でいきなり「発行まで1週間を要します」となっており、ズレを感じる
- 「必要事項を記入の上～投函」とあるが説明が簡単すぎる
- Aで「会員カードの発行～」と表現されているが、「発行」とはカードができることか、ユーザーに発送されることか不明
- Aの「登録を完了する」とは、だれが登録を完了するのか（ユーザーか企業側の事務処理上か）が不明
- Aの「通知される」とはなにがだれからだれに通知されるのか不明

上記の不明な点は飯島さんの経験や期待で解釈することはできますが、解釈もいろいろできます。もしそれが企業側の意図とずれていたら解決にはならないどころか、誤った案内をしているととらえられます。もちろん企業の評判が下がる元になります。

このように適切な言葉が抜け落ちていたり言葉遣いに一貫性がなかったりするFAQは、読む側の立場に心配りがないものの筆頭に挙げられます。FAQに限らず、読む側に立場で理解しやすく文を書くということは、いまさら理由を述べるまでもありません。

改善ポイント

元のFAQは下のように書きなおせます。

After

Q：　会員申し込みの手続きの流れを知りたい。

A：　会員申し込みの手続きの流れは、次のとおりです。

①お手元にあるDMの申し込み欄に、お名前（ふりがな）、ご住所、お電話

番号、メールアドレスを正確にご記入ください。
②DMをそのまま、お近くの郵便ポストにご投函ください。
③DMを投函後、1週間前後で「会員カード」が封書にてご自宅に届きます。
④封書に同封されている会員カードと説明書をお手もとに準備して、お客さま自身で初期登録を行ってください。

こちらから、[初期登録サイト]にて手続きできます。
※初期登録で不明なことは同封の説明書もお読みください。

⑤弊社にて初期登録の確認完了後、「会員登録の確認」をお客さまメールアドレスに通知します。
⑥お客さまが「会員登録の確認」メールを受信した時点から、サービスが利用可能です。

元のAの文の問題の一つは、6W1Hを無視した作文でした。したがって「だれが」「だれに」「いつ」など欠落していたものを埋めました。そうすることでユーザーは文の意味を自分で解釈する必要がなくなり、誤解の可能性もゼロになります。

また、もとのAの文は、手続きの流れが簡単すぎて不親切な書き方でした。情報が少ないのでユーザーを不安にさせます。そこで手続きの流れがわかるようにステップごとに番号を振った説明にしました。これで、ユーザーは一つ一つの手続きと自分自身のするべきことを確認しやすくなります。

6W1Hの文を作り上げる前後のシミュレーション

理解しやすく書かれた文は、読む人に「だれが？」「いつ？」「なにを？」といった疑念を持たせません。読む人が「〜だと思うけど」と勝手に解釈することもありません。

そのために意識するのは、6W1Hの文体です。文を書く練習の初期段階では、いつ、だれが、どこで、なぜ、なにを(なにが)、だれに、どのようにを網羅して書くことはそれほど難しくはありません。初期段階なので違和感のある文になってもまずはよいのです。以下に段階的にシミュレーションしてみます。

スマホは高い。
(なにが)
▼
スマホは人気が高い。
(なにが、どのように)
▼
今年のスマホは人気が高い。
(いつ、なにが、どのように)
▼
今年の韓国ではスマホは人気が高い。
(いつ、どこで、なにが、どのように)
▼
今年の韓国では低価格化のためスマホは人気が高い。
(いつ、どこで、なぜ、なにが、どのように)
▼
今年の韓国では低価格化のためスマホはシニア層からの人気が高い。
(いつ、どこで、なぜ、なにが、だれに、どのように)

「スマホは高い」から、このように丁寧に6W1Hに文を作っていくと、だんだんと表したい状況が明確になっていきます。また言葉を足すごとにはじめに解釈したことと意味が異なってくるのがわかります。つまり最初の文では読み手は誤解していたのです。言葉足らずの文がいかに罪深いかがよくわかります。

このように6W1Hの文体を踏襲することで、読む人の誤解の余地をなくしだれにでも同じ理解になる内容にできます。読む人の感覚で解釈させるのは危険なのです。

ただこれまでも何度か解説したように、6W1Hで書くと違和感のある見慣れない文になってしまうこともあるので、必ずしもすべてそろっている必要はありません。FAQの場合では、Qに照らして不要な品詞(言葉)は取り除いてよいと思います。

まず元の文から、6W1Hを踏襲した分に書き換えてみます。

Before
桜を見られます。

▼

After

公園は無料なので歩きながらさまざまな人に植えられた桜の花を春に上野公園でだれでも見られます。

6W1Hはそろっていますが、少し違和感がある文章です。そこでQの文に合うように、必要ではない言葉を省いていきます。

After

Q1：桜の花を無料で見られる東京の代表的な場所を教えてください。
A1：桜の花は春に上野公園でだれでも見られます。

Q2：桜の花が見られる時期を教えてください。
A2：桜の花は春に見られます。

このように、文は6W1Hで必ず書くということではなく、QとAの関係性を見ながら不要な言葉は省くことができます。その際にはもちろん必要な説明が損なわれないようにしながら、書きなおす必要があります。

よくあるFAQの例も示しておきます。

Before

Q：カードの申し込みに提出が必要な書類を教えてください。
A：カードのお申し込みには現在お客さま自身のお名前をフルネームで申し込み書類のお名前欄に記入し申し込み書類を提出する必要があります。

▼

After

A：カードの申し込みにはお客さまのフルネームを記入した申込書を提出する必要があります。

BeforeのAの文は、6W1Hをしっかり踏まえて説明に漏れがないのですが、少し違和感があり読みにくくなっています。**After**ではユーザーにはわかり切ったことなどは省いた文に書きなおして読みやすく、しかも必要な内容は損なわれないようにしています。

このように6W1Hを意識しつつも、違和感や誤解を招くこともない文に書きなおすことができます。Aでは文が多くなりますので、文章の脈絡を考えればさらに省ける表現もあると思います。

そのように一文単位で質の高い文を書き、次にAの文章全体の流れを意識して書きなおしていくという順に作業すれば、理解しやすいFAQに近付いてきます。

Before、After

以下では各FAQの質を改善する前後を示します。Before と After の質を比較してください。

Before

Q：Bluetooth接続で音楽再生中にスピーカーで再生、一時停止ボタンなどが働かない・操作不可の状態です。解決方法を教えて。

A：仕様によりBluetooth音楽再生している接続スマホやご利用のアプリケーションによっては、スピーカーのボタン操作ができない場合があります。スピーカーのボタン操作ができない場合は、接続している側で操作を行ってください。

▼

After

Q：Bluetooth接続で音楽再生中にスピーカー本体の再生、一時停止ボタンなどが働かない・操作不可の状態です。解決方法を教えて。

A：Bluetooth接続で音楽再生する場合、スピーカーにBluetooth接続しているスマホやアプリケーションの仕様により、スピーカー側ではボタン操作ができない場合があります。その場合は、スマホやアプリケーション側で再生、一時停止操作を行ってください。

Before は、Aの「仕様により」は、スピーカー側のことか機器やアプリケーション側のことかわかりにくいです。また「操作」「接続」もどちら側の操作かなどはっきりしない文です。

After のように、文ごとに言葉を補足するだけで誤解せず読めるようになります。たとえば、「仕様」に対する補足をしたり、「操作」「接続」に対して言葉を補足したりして、文の中に現れる機器の関係性を明らかにします。

Before

Q：注文内容の変更・注文のキャンセル方法は？

A：インターネットよりできます。なおご注文翌日以降の変更・キャンセルはできません。ご注文当日中ならサイトよりお客さまご自身でご注文の変更・キャンセルができます。ただし、商品内容の変更はできません。お客さまご自身でのご注文の変更・キャンセルができない場合は、お電話で承ります。

After

Q：注文内容の変更・注文のキャンセル方法は？

A：注文内容の変更・注文のキャンセルについて下記のとおりです。

1. ご注文当日中
インターネットよりお客さま自身で可能です。なお変更については数量や宛て先、配送方法など変更ができます。商品内容の変更はできません。

2. ご注文翌日以降
注文内容の変更・注文のキャンセルはお電話で承ります。

Beforeは、6W1Hになっていないばかりか、文の順番が前後しているようで正確に意味を理解できません。そのため注文翌日以降はインターネットでの手続きができないのか、変更キャンセル自体できないのか判然としません。

Afterでは、まず注文当日中、注文翌日以降に文をはっきり分けて、各文を6W1Hで書きなおしました。このようにすることで、全体が明快になります。

さらに次のようにFAQを分割すると、各FAQはより端的になります。

After

Q1：注文内容の変更・注文のキャンセル方法は？（注文当日）

A1：ご注文当日の注文内容の変更・注文のキャンセルは、
インターネットよりお客さま自身で可能です。
なお変更については数量や宛て先、配送方法など変更ができます。
商品内容の変更はできません。

Q2：注文内容の変更・注文のキャンセル方法は？（注文翌日以降）

A2：ご注文翌日以降の注文内容の変更・注文のキャンセルは、お電話にて承ります。

まとめ

FAQのAはQの「解答」となることは当然ですが、そのうえで文章としても読んで疑問を持たれたり、違った解釈になったりする余地がないようにします。まずは、Aで使う言葉はQで使う言葉に合わせる、Aで使う言葉で同じ意味のものはすべて統一するという基本は常に意識します。

QとAが一問一答の端的なものにすることがベストですが、Aの情報や文が多くなると、そのぶんユーザーに「読解」を求めることになります。できるだけユーザーに苦労せずに読んでもらい、どのユーザーが読んでも同じ解釈になるようにしなければなりません。

そのために、6W1Hを踏襲した文を意識することは基本です。ただ6W1Hは固執する必要はありません。誤解されない範囲や文の脈略を利用して省略できる言葉は省略します。

改善してみる

改善前

次のFAQのAの文を、6W1H（いつ、だれが、どこで、なぜ、なにを（なにが）、だれに、どのように）を踏襲しながら最終的には言葉に配慮した理解しやすいものにしてください。補完する内容は自由に考えてください。Qの文も書いて、FAQの形にしてください。

Before

A1：お申し込みはデパートカウンターに来てください。
A2：カード盗難時は警察に連絡ください。
A3：ご不在の場合はご不在票を残しておきます。
A4：お振込み手数料はお客さま負担です。
A5：ご確認のためメールアドレスをお知らせください。

改善後

設問の各Aを読むと言葉足らずな感じがすると思います。それに6W1Hを補っていくと理解しやすい文になります。6W1Hのすべてを入れる必要はないですが、誤解の余地のない文になるまで言葉を補います。

After

Q1：AAAメンバー申し込みで粗品がもらえるキャンペーンの場所を教えて。

A1：AAAメンバーお申し込みは、AAAデパートの1Fお客さまカウンターにお越しください。お申し込みに必要なものは申し込み書だけです。その場で粗品を進呈します。当店の営業時間内なら、いつでも申し込み受け付けいたします。

Q2：AAAカードが外出先で盗難された場合の連絡先を教えて。

A2：AAAカードが外出先で盗難された場合はまずお近くの警察に盗難届を出してください。そのあとにAAAカード事務局に電話でご連絡ください。

Q3：不在中に注文の品物が配達された場合の対処を教えて。

A3：品物の配達時にご不在の場合は「ご不在票」を玄関ポストに残しておきます。ご不在票に記載している「再配達依頼手続き」のとおりの手続きでお客さまから再配達をご依頼ください。

Q4：自己都合で商品の返品をした場合の返金額を教えて。

A4：お客さまご都合で商品をご返品された場合は、返金額は商品の代金から振り込み手数料を差し引いた金額となります。お客さまご指定口座への返金額をお振込み致します。

Q5：自分自身の会員IDを確認したい場合、依頼で伝えなければならないことを教えて。

A5：自分自身の会員IDを確認したい場合は、お客さま自身のご確認のためにお客さまのメールアドレスを当社にお知らせください。

たとえば、A1の「お申し込みはデパートカウンターに来てください」と告げられたら、「なんの申し込み？」「デパートのどこ？」「必要なものは？」「何時に？」……といった疑問が浮かぶと思います。Aにはっきりしないことがあると、ユーザーは理解できず行動に移せません。それらに答えるような言葉を文に網羅して、Aを完成に近付けます。

4.6 Aは箇条書きにする

良くないFAQの例

石川さんは会社員のかたわら、今年からは実家のお店を手伝っているので確定申告の必要があります。そこで納税の準備をしているとき、確定申告をすると会社員としての給与から源泉徴収された税金が石川さんに戻ってくる可能性があると知人から教わりました。

そこでネットの税金関係の相談サイトを調べてみたところ、次のような相談のFAQがありました。

Before

Q: 税金の還付について

A: 毎年3月15日までの納税額の申告（確定申告）をするべきかどうかにかかわらず、現在お仕事中の企業や組織・団体からの支給された給料や賞与などからすでに源泉徴収された（差し引かれた）所得税の合計や、貴方自身が予定納税（前もって税金を納めること）をした税額の合計が、貴方自身の計算上の総所得金額について税法にのっとって計算した所得税額よりも多い場合は、「確定申告書」を税務署に提出することによって、多めに収めてしまった分の税金が還付される場合があります。

確定申告どころか税務関係に慣れていない石川さんにとっては、何度読み返してもきちんと理解できない内容でした。ほかにもいろいろと知りたいことはたくさんありますが、FAQサイトではよくわからないなと思いました。やっぱり税理士さんに相談することにしました。

このケースでの問題点

石川さんがこのFAQの理解に苦労した原因は単純です。Aの一文(文の頭から句点まで)が長いからです。文が長すぎるため主語や述語、目的語といった6W1Hの要素が、頭の中で整理できなかったからだと思われます。

石川さんが読んだAはしっかりとした情報を伝えているのですが、ただの一文で書かれています。文は税金の還付を受ける条件の説明ですが、書かれていることのどこからどこまでがその条件なのかを見分ける必要があります。条件を表す箇所は複数あり、それぞれで主語・述語を持っているため、読む人は情報整理に時間がかかります。

石川さんが直面したような長文はFAQだけでなくいろいろなサイトで見かけます。情報はきちんとそろっているのに、ユーザーの自己解決のチャンス遠ざけてしまう残念な文です。

改善ポイント

このFAQのように情報量があったとしても、もし一文一文が短くなっていれば、ユーザーは読解しやすくなります。一つの方法は、情報を箇条書きにすることです。箇条書きだと、文の構成がすっきりして文字数も少なくなります。その効果として情報が整理されてユーザーが読みやすく、理解もしやすくなります。

石川さんが見たAの文を次のように書きなおすと、格段に読みやすくなります。元の文に書かれていた要素を取り出して主要情報として整理し、箇条書きにします。

After

A：　確定申告することで税金が還付（返金）される条件は次のとおりです。

・確定申告前にすでに税金を納めている
・すでに納めた税額が年間総収入に対する正式な所得税額よりも多い

すでに収めた税額＝給与や賞与の源泉徴収額＋予定納税額
正式な所得税額＝給与＋その他収入の合計対して算出した税額

上記でわかるように箇条書きにすると、長い一文ですべての情報を表すよりは圧倒的に読みやすく理解しやすいです。

また読む人がある程度以上の知識をすでに持っていれば細かい説明も不要になりますので、下記のようにさらに文字数を減らせます。たとえば会社の経理係などある程度知識のある人が対象のFAQだと、次のような記述でもよいと思います。

①給与や賞与の源泉徴収額＋予定納税額
②給与＋その他収入の合計に対して算出した税額

①＞②の場合、確定申告することによって税金が還付（返金）される。

Before、After

以下では各FAQの質を改善する前後を示します。Before と After の質を比較してください。

Before

Q：　ふるさとの美しい広葉樹林サポート隊の募集について

A：　森林は本県の約70％を占めており、水源の確保、生物多様性・野生の動植物の保全、環境の快適さの形成、保養・遊園、文化の維持と継承、地球温暖化の対策、そして材木の生産など非常に多方面の意義を持っています。ところが昨今では県民と森林の関わりの意識が減ってきており、県内の貴重な森林環境およびそれを取り巻く里山環境を県民全体で守っていくためあらためて県民の皆様に森林への関心を持っていただくきっかけとして本県は大学および県立自然環境研究所と連携し、「ふるさとの美しい広葉樹林サポート隊」の募集を計画しました。要領は下記のとおりですので広く皆様の応募をお待ちしております。

▼

After

Q：　ふるさとの美しい広葉樹林サポート隊の募集要綱を教えて。

A：　「ふるさとの美しい広葉樹林サポート隊」の募集要綱は、こちらからダウンロードできます。[募集要領]

解説：サポート隊の活動
本県面積の約70％をしめる森林は非常に多方面の意義があります。

・水源の確保、生物多様性・野生の動植物の保全
・環境の快適さの形成、保養・遊園、文化の維持と継承
・地球温暖化の対策、材木の生産

県内の貴重な森林環境およびそれを取り巻く里山環境を県民全体で守っていきたいと考えます。「ふるさとの美しい広葉樹林サポート隊」は、本県・大学・県立自然環境研究所と連携活動です。

Beforeでは、一文一文が長く、また段落もない、結論が最後段になっているなど複数に改善の余地があります。

Afterでは、Qに対するAは文の冒頭に書きました。森林の役割は箇条書きにしました。分割できそうな長い文は分割して短文化しました。なお、「解説」は部分的に割愛しました。このFAQを選ぶ人は、この活動の意義をわかっている可能性が高いからです。

箇条書きにするテクニック

Aの文を長い一文から箇条書きに書きなおすには、まず短い文に分けます。意味を損なわなければ、短文に分ける方法にルールはありません。次の例文で説明します。

> 加奈ちゃんのお父さんがまだ加奈ちゃんぐらいの小さいころ近所に住んでいたとても口やかましいおばあさんが毎朝加奈ちゃんのお父さんが学校に行く道端に立っていて子どもたちがきちんと挨拶をするかどうかを見張っていたので、子どもたちはおばあさんのおうちの前を通るときは高い空にひびき渡る大きな声でおはよーございますと言い合っていました。だから今でも加奈ちゃんのお父さんは挨拶の声が大きいままなのです。

以下が、短文に分ける一例です。

> 加奈ちゃんのお父さんがまだ加奈ちゃんぐらいの小さいころです。
> 近所にとても口やかましいおばあさんが住んでいました。
> おばあさんは毎朝加奈ちゃんのお父さんが学校に行く道端に立って子どもたちがきちんと挨拶をするかどうかを見張っていました。
> 子どもたちはおばあさんのおうちの前を通るときは高い空にひびき渡る大きな声でおはよーございますと言い合っていました。
> 大人になった今でも加奈ちゃんのお父さんは挨拶の声が大きいままです。

箇条書きにするために短くなった各文のポイントを抜き出します。

> 加奈ちゃんのお父さんが子どもの時。
> 近所に口やかましいおばあさんがいた。
> おばあさんは通学路で子どもたちの挨拶を見張っていた。
> 子どもたちは大きな声でおはよーございますと言い合った。
> 加奈ちゃんのお父さんは今でも大きな声であいさつする。

必要な部分だけにして箇条書きにします。

・口やかましいおばあさんが子どもたちの大きな声で挨拶するか見張っていた。
・子どもだったお父さんが大人になっても挨拶は大声のまま。

このように段階的に文から要素を取り出して、箇条書きにしても元の文章の要旨は失われません。でも物語の情緒的な雰囲気は失われてしまいます。FAQの場合は元の文がビジネス文なので、情緒的・感情的なものはあまり必要ではありません。それよりも理解してもらうことが大事なので、箇条書きにすることで、すっきり読みやすくします。

上と同じ要領で、次の文を箇条書きにしてみます。ユーザーへの情報として欠かせないものを文の中から抜き出すことから始めます。文の中に「同列」の情報が羅列されている場合は箇条書きにできます。

Before

A：上野駅から大阪駅に行くわかりやすい経路は、まず上野駅から東京駅までは山手線か京浜東北線で行き東京駅からは新幹線で新大阪駅、そこで神戸線に乗り換えて大阪駅に行く方法です。

この文は経路を表す記述が「同列」です。冒頭の箇所をまず一文にして、経路を表す記述を箇条書きにできそうです。同列の情報は、上記のように○○駅から○○駅、のように連続した同じような記述です。第一段階として下記のように短文化しました。

After

A：上野駅から大阪駅に行くわかりやすい経路は次の方法です。

①上野駅から東京駅まで山手線か京浜東北線で行く
②東京駅から新大阪駅まで新幹線で行く
③新大阪駅から大阪駅まで神戸線で行く

この場合、文を箇条書きにしつつ内容が経路を表しているので、それぞれが順につながっているように見せるために番号を付けます。

そしてさらに端的になるように、必要最小限の情報だけを残します。

After

A: 上野駅から大阪駅に行くわかりやすい経路は次の方法です。

①上野駅〜東京駅　山手線か京浜東北線
②東京駅〜新大阪駅　新幹線
③新大阪駅〜大阪駅　神戸線

このように段階的に書きなおしていくと、やさしく箇条書きにでき、まったく意味を損なわずに読みやすくなります。もとの文と比べるとよくわかると思います。

改善してみる

改善前

次の文を箇条書きの読みやすい文に書きなおしてください。またこの文に対して、Qの文とAの文の形にしてください。

Before

町立小・中学校の教育・課外学習・スポーツの活動に関連して地域、町民の方々にボランティアとしてご支援いただく主旨のもので、クラスや専門的な学習の時間でのサポート、放課後の課題支援、スポーツクラブ活動の支援、季節ごとの学校行事、音楽演奏、学校植栽活動、校内外の掃除、登下校警備などさまざまな参加の形態ですが、専門知識や専門スキルが必要なものもありますのでそういった点でご支援できる方はありがたいいっぽうで専門知識や専門スキルがなくてもだれにでもできる活動も数多くあります。ふるってご参加ください。

改善後

設問の文は、ボランティア活動であること、ボランティア活動の内容、参加できる対象者などが記載されています。まずはそれらごとに抜き出して短文化できます。特にボランティア活動内容は列挙されているだけなので箇条書きにできます。

After

Q: ○○町の地域子どもサポーターの活動内容を教えて。

A: ○○町の地域子どもサポーターは、町立小・中学校に通う子どもたちへのボランティア活動です。教育・課外学習・スポーツで地域、町民の方々にご支援いただきます。活動内容は次のようなものです。

・クラスや専門的な学習の時間でのサポート
・放課後の課題支援
・スポーツクラブ活動の支援
・季節ごとの学校行事
・音楽演奏
・学校植栽活動
・校内外の掃除
・登下校警備

活動には専門知識や専門スキルが必要なものもありますが、だれにでもできる活動も数多くあります。ふるってご参加ください。

なお文末の「ふるってご参加ください。」はユーザーの解決とは関係ないので省略してもよいです。

4.7 Aでは装飾・記号は効果的に使う

良くないFAQの例

転職活動中の上田さんは、登録しようと思っている人材会社Webページに就職サポートサイトがあることを見つけました。さっそくそのサイトにアクセスしましたが、ユーザー登録にはいろいろな手続きが必要なようです。そこで登録に必要な準備を知ろうと、FAQを見てみました。

以下のようなFAQがありました。

Before

Q: 求人登録の準備について

A: <<ご案内>>弊社の就職サポートサイトへの【ユーザー登録】にあたり、「ご準備するもの」と「お手続き」についてご案内します。

◆まず『登録』に必要な情報ですが、
●当社登録ID、●お名前、●メールアドレス、●ご連絡先電話番号、●緊急連絡先電話番号、●お住まいの郵便番号、●ご住所、●*身分証明書の写し*

となります。

ご登録に当たり【ご注意点】としては、次のとおりです。

❢留意点❢
☆**当社登録ID**は登録時にハガキでお知らせした8桁の番号です。もし不明な場合は、こちらにてお手続きください。
☆**メールアドレス**は携帯電話のメールアドレス以外でお願いします。
☆**身分証明書の写し**は写真ではなくコピーで裏表とったものを画像にして登録サイトにアップロードしてください。なお登録の『2日以内』にお願いします。
☆**身分登録後の情報は弊社のサービス統計で利用させていただきますが。取り扱いには細心の注意を払います。**

上田さんは、登録にはいろいろな準備と注意点がありそうなのはわかりました。Aの文に注意書や太字、アンダーラインがたくさんあるので注意が逸れて、読んでいて内容がなかなか頭に入ってきませんでした。

上田さんは「こんなわかりにくいサイトを掲載している企業はセンスと業務の質が低そうだ。」と感じて、登録するのをやめました。

このケースでの問題点

FAQに適度な装飾(太字、下線、斜め文字)や記号あるいは絵文字を使うのは、文にメリハリを付けてユーザーの読みやすさや理解を助けるのにはよいと思います。記号は文字数を減らすのに役に立つ場合もあります。

ただし上田さん直面したFAQのように装飾や記号が過度に施されている文の場合、逆効果となります。太字や下線、記号が文のあちこちにあり、着目点が散在しているように見えます。読む側からすると集中できず理解の妨げになる文です。FAQを書いた企業側としては、ユーザーにできるだけわかりやすいようにという意図だと思いますが、装飾があちこちにあっても、わかりやすくはなりません。

また装飾や記号などの使い方が洗練されていない(素人っぽい)印象も受けます。

改善ポイント

上田さんが見たFAQは、下記のように修飾を抑えて書きなおすと、ユーザーは気が散らず読みやすくなります。

After

Q： 求人登録の準備にするものを教えてください。

A： 求人登録の準備は次のとおりです。

登録情報
・当社登録ID
・お名前
・メールアドレス
・ご絡先電話番号
・緊急連絡先電話番号
・お住まいの郵便番号
・ご住所
・身分証明書の写し

ご注意点
・当社登録IDは、登録時にハガキでお知らせした8桁の番号です。
・携帯電話のメールアドレス以外でお願いします。
・不明な場合は、こちら

身分証明書の写しは写真ではなくコピーで裏表とったものを画像にして登録サイトに登録の2日以内にアップロードしてください。

※身分登録後の情報は弊社のサービス統計で利用させていただきますが取り扱いには細心の注意を払います。

こちらでは装飾や記号はほとんど使っていませんが、箇条書きにしたので視認性も良くなりました。太字や下線は必要最小限で使っているので、目立って効果的になりました。

なお、FAQで使う記号や装飾の使い方については、必ずガイドラインでのルール決めが必要です。ガイドラインで決められている以外の記号や装飾の使い方はしないようにします。FAQ一つ一つの文で記号や装飾の使い方がばらばらというサイトは、だれの目にも稚拙に見えます。

Before、After

以下では各FAQの質を改善する前後を示します。Beforeと Afterの質を比較してください。

Before

Q：英語教室の無料体験レッスンの内容を知りたい。

A：無料体験レッスンは【品川校】、【渋谷校】、【新宿校】、【横浜校】にお越しください。予約制の「エントリークラスルーム」で行っています。**予約はいつでもお申し込み**できてすぐに体験に入ることができます。レッスン時間45分です。レッスンカリキュラムは正式メンバーと同じ内容ですがレッスンの前にネイティブ講師が5分ほどの『インタビュー』をしてカリキュラムのレベルを決めます。無料体験レッスン中はネイティブ講師が話をリードしてくれますが、ご自分で話題を出して講師と会話することもできます。また45分のうち最後の10分はレッスン風景を**動画に撮影**しお帰りの際にプレゼントします。

After

Q：英語教室の無料体験レッスンの内容を知りたい。

A：英語教室の無料体験レッスンは以下のとおりです。

■場所　品川校、渋谷校、新宿校、横浜校
■予約　随時　0120-XXX-XXX
■講師　ネイティブ講師
■レッスン時間　45分　　事前インタビュー　5分
■カリキュラム　正式メンバーと同じ

※ネイティブ講師が話をリードしてくれますが、お自分で話題を出して講師と会話することもできます。
※10分間のレッスン風景を動画プレゼントします。

Beforeは、連続した文章になっているため文字数が多く見えます。またポイントポイントでさまざまな装飾をしているので、気が散って読みにくくなっています。全体にポップなイメージを出しているのかもしれませんが、読む人は内容を理解するのに時間がかかります。

Afterは箇条書きにして装飾は確認事項のタイトルのみにしました。「エントリークラスルーム……」といったユーザーには重要ではない内容は割愛しました。装飾は少ないですが、左端をそろえるなどで視認性を良くして読みやすくしました。

まとめ

Aの文はまずは一切装飾を付けずに書きます。装飾は、基本的に必要ありません。目立たせたい内容があれば箇条書きにしたり、段落を付けたり、改行で行間を増やしたりすることで特定の記載を目立たせることができます。どうしても装飾をしたほうがよい場合でも、必要最小限にします。

記号や装飾を使う場合は、ガイドラインで決められているものを決められた使い方で使います。ガイドラインをしっかり守る理由は、FAQ全体で記号の使い方を統一しておかないと、それだけでサイトが稚拙に見えるからです。

改善してみる

改善前

次のAの文を書きなおしてください。

Before

Q：「たんぽぽ」クリニック申し込み書の記入方法を教えて。

A：記入方法と送付先は次のとおりです。

このたびは「たんぽぽ」クリニック若返りカウンセリングにお問い合わせまことにありがとう御座います。クリニック講師があなたのご希望をかなえます。

お申し込みの前にパンフレットをよく読んでおいてください。不明な点があればいつでもお問い合わせください。

お申し込みはパンフレットについている申し込み書を切り取ってお使いください。

【1】最初に必ず、申込書にご希望のサービスコースにチェックしてください。そして【2】申込フォームに従って、**氏名、住所、電話番号、携帯（スマートフォン）番号、メールアドレス**を間違わずに記入してください。【3】捺印は忘れずに2ヵ所お願いします。【4】申込書の送付先は次のとおりです。

〒100-XXXX　東京都千代田区丸の内X-X-X宛てにご郵送ください。

郵送の際は特定郵便でお願いします。それでは、当クリニックへのお越しをお待ち申し上げております。ありがとうございました。

改善後

設問のAは装飾が多すぎるのでそれらを見なおします。たとえば「捺印」と「特定郵便」の箇所のみ太字にしました。ほかの文の修飾をしないことで、この2ヵ所がよりユーザーの注意を惹きます。番号はすっきりとした記号にして、手順を箇条書きにすることでユーザーのするべき作業を見やすくし、ミスや漏れを防ぐようにしました。

After

Q：「たんぽぽ」クリニック申込書の記入方法を教えて。

A：記入方法と送付先は次のとおりです。

①申し込み書にご希望のサービスコースにチェックします。
②氏名、住所、電話番号、携帯電話番号、メールアドレスを記入します。
③**捺印は2ヵ所**にします。
④申し込み書を下記に**特定郵便**で郵送します。
〒100-XXXX　東京都千代田区丸の内X-X-X宛てにご郵送ください。

※お申し込み前にパンフレットをよくお読みください。
※ご不明な点があればいつでもお問い合わせください。

このFAQを選ぶユーザーは申し込み書の入手はしていると考えられるので、「パンフレットから申し込み書を切り取る……」といった記載は省きました。あいさつ文も省きました。

4.8 Aではリンクを効果的に使う

良くないFAQの例

石井さんの娘さんが、お友達のお母さんからテーマパークの特別優待券をもらってきました。その券を使って年間家族会員の優待申し込みができるようです。石井さんは申し込みの方法がわからないので、とりあえずスマホでテーマパークのWebページにアクセスしてみました。

Webページには次のFAQがありました。

Before

Q：　年間家族会員の申し込み方法

A：　年間家族会員の申し込み方法はいくつかあります。

次の中から選んでください。

・以前申し込んでいた方
・お申し込み優待券をお持ちの方
・スペシャル会員をお申し込みの方

石井さんが「お申し込み優待券をお持ちの方」をタップしたところ、次のページには以下のように記載されています。

家族会員のご優待の条件について（略）
お手元に準備いただきたいもの（略）
申し込みに際しての注意（略）
お申し込みはこちら

石井さんは、上記のすべてのリンク先も参照し書かれているたくさんの情報を読んだうえで「お申し込みはこちら」をタップしました。リンク先のページにこのように記載されています。

優待券に書かれている18桁の番号を入力してください。
こちらから入力してください。

申し込みフォームに必要事項を記入し最後に「申込」をタップしてください。
申し込みフォーム

年間家族会員カードをお受け取りになられた方は、初期設定が必要です。こちらのご説明を必ずお読みください。
初期設定について

石井さんは「申し込みフォーム」で必要事項記入しました。また注意事項もきちんと読みました。これで石井さんは家族会員カードを作るまでに結局10回以上リンクをタップしたように思えました。実際間違ってタップしたのを数えるとそれ以上になります。

石井さんはスマホで申し込み手続きをしていたので途中迷子になりかけてあきらめそうになりましたが、娘さんのためにがんばって休日の半分を費やしました。

このケースでの問題点

企業のWebサイトでは、情報を複数のWebページに分散しておくとページごとの内容をシンプルにすることができます。またページからほかのページへのリンクを充実させることによって情報を相互利用できるので、管理上も便利です。

ユーザーにとっても、既存ページへのリンクはFAQサイトからでもジャンプできるので便利です。上記の石井さんのケースでは、FAQから申し込みページへリンクすることでAそのものはスッキリしていました。

しかしリンク先が多すぎたりリンク先のページにも別のリンクがあったりすると、ユーザーに不親切な案内になります(**図4-1**)。石井さんのケースのように手続きの全体像を把握していないユーザーにとっては、手続きがあとどれくらいあるのか把握できず不安になります。リンク先をたどるたびに画面が切り替わるので、進行状況がわからなくなる(迷子になった状態)可能性があります。

スマホの狭い画面で、石井さんのように我慢強く最後まで操作できる人は多くないでしょう。

改善ポイント

FAQから別ページ(サイト)へのリンクの数はできるだけ限定します。上記の石井さんのようなケースはリンクが多すぎです。そのせいで石井さん

図4-1　アンサーからのリンクが複雑な例

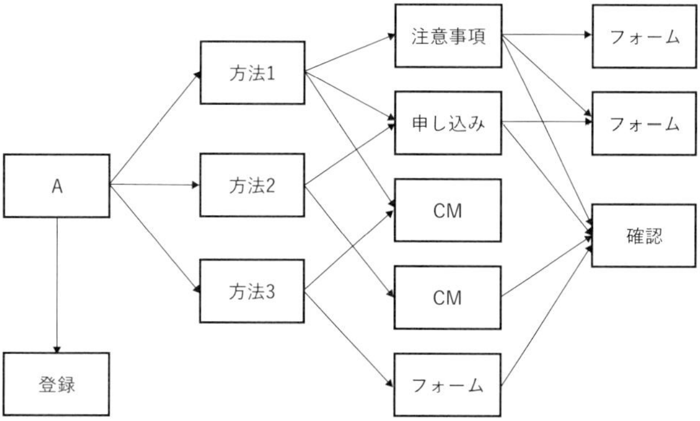

は操作を終えるまでに時間がかかり不安にもなりました。

もしどうしてもこのようにリンクを複数準備する必要がある場合は、Aの文の説明に手続きの順番の全体像やステップ数を明記しておきます。

Aから別ページへのリンクを限定するため、1つのFAQでできることを1つに絞ることです。石井さんが見たAは、FAQというよりもれっきとした手続きサイトの形になっています。

次のようにすれば、シンプルな印象を石井さんに与えます。

After

Q：お申し込み特典をお持ち年間家族会員カードの申し込み方法

A：お申し込み特典をお持ち年間家族会員カードの申し込みは以下のとおりです。

事前に

- 優待券
- メールアドレス
- 携帯お電話番号

をお手元にご準備の上、申し込みフォームから行ってください。
※手続きはSTEP1、STEP2だけです。

STEP1　優待券2に書かれている18桁の番号を入力します。
STEP2　必要事項を記入します。

年間家族会員カードをお送りすると同時にメールもお送りします。メールに記載の初期設定をお願いします。

※こちらもお読みください。申し込みに際しての注意

このようにすると、ユーザーの操作は、申し込みフォーム以外はほぼ画面を切り替えずに完了します。STEPも記載しているので、ユーザーに全体像がわかります。リンクの先にまたリンクがあるといったような心配をユーザーに与えません。

最後の「申し込みに際しての注意」はSTEPに含まれないので、ユーザーには申し込み手続きではないページだとわかります。

FAQのAにリンクを駆使して情報提供する方法はスマートに思われますが、やはりユーザーの利便性を考慮し使いすぎは避けます。

本来Aは、できるだけリンクなしで完結することが望ましいです。特にスマホを使っているユーザーからすれば、ページを切り替えずに1画面だ

けで完結できることがベストです。

もしリンクを張る場合でも、Aの主な内容は1画面にすっきり収め、リンクは必要に応じてユーザーが使えるようにするのがお勧めです。

良くないリンクの例としては次のようなものがあります。

- リンクしたページの先にまたリンクがあるというように入れ子（マトリョーシカ人形のような状態）になっている。ユーザーからはリンクが際限なく続くような不安な気分になる
- Aの文内に複数のリンクがある。ユーザーはページ間を何度も行ったり来たりしなければならない
- リンク先のページからAに戻れない。リンク先ページで説明が終結していて「戻る」ボタンがないなど。ユーザーからするとAの終わりかどうかがわからない。またAの本文の最後のほうが読まれない可能性がある

図にすると**図4-2**のようなイメージです。

図4-2　ユーザーを困らせるリンク

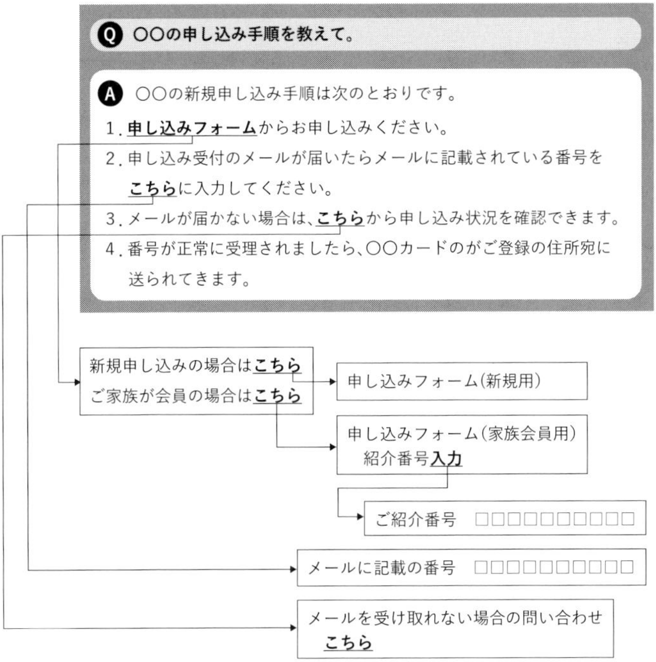

有効なリンクの例としては次のようなものがあります。

- 複数のFAQのAにて、まったく同様な情報を提示する必要がある場合
- Aで使用されている言葉の解説をする場合
- 手続きフォームなどまとまった情報入力に誘導する場合

こちらも図にすると**図4-3**のようなイメージです。

図4-3　ベターなリンクの作り方

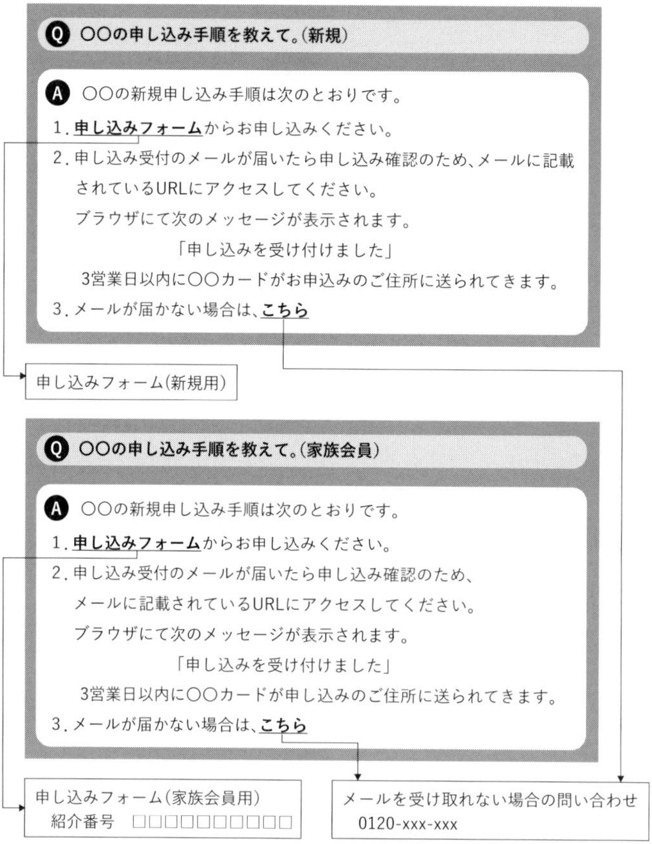

まとめ

Aは、できるだけリンクなしで端的に完結できるように書きます。リンクを貼る際は必要最小限にとどめ、ユーザーが迷ったり間違ったりしないようにします。

手続きや言葉の解説などへのリンクも、ユーザーが必要に応じて選択できるような記載のしかたが良いです。

4.9 Aでは目視でもユーザーの理解を助ける

良くないFAQの例

林さんはスマホの使い方には慣れていると自負しています。スマホのバッテリの減り方が早く感じるのでスマホを調べたところ、その原因を知りました。愛用している健康サポートアプリの通信機能が、どうやら大量にバッテリを消費しているようです。

それを解決するためにアプリのFAQを見たところ、次のものを見つけました。

Before

Q: バッテリを節約する方法

A: 当健康サポートアプリには省電力モードがあります。省電力モードでは、アプリが効率の良いバッテリ消費をします。常時アプリを使っていてもバッテリの減り具合を抑えられます。省電力モードの設定方法は次のとおりです。

①アプリのホームボタンをタップしてホーム画面にすると、右上に歯車の形の設定ボタンがありますのでこれをタップします。

②次に設定ボタンの下に現れるメニューの上から5番目の「バッテリ設定」をタップしバッテリ設定画面に移動します。

③バッテリ設定画面で現在のバッテリ消費状況を一目で見ることができます。画面の上から、バッテリ消費状況、バッテリモードの説明、そして一番下にバッテリ消費モードが表示されます。

④バッテリ消費モードには「通常モード」「Wi-Fiモード」「オフラインモード」があり、「オフラインモード」が最もバッテリの消費を抑えます。「Wi-Fiモード」は無線を使って位置情報を取得するので最もバッテリを消費しやすいです。

(略)

Aの説明文が文字ばかりで書かれているので、林さんは書いていることを間違えないように何度も確認しながら設定を行いました。設定に時間がかかっている間に、スマホのバッテリが切れて画面が真っ暗になってしまいました。

このケースでの問題点

林さんが見たFAQのように、スマホ画面の操作説明がすべて文字だけで書かれている場合、内容の理解に時間がかかります。文だけで表されたものを頭の中でイメージ(画像)に変換して、実際のスマホ画面と見比べながら作業しなければいけないからです(**図4-4**)。その過程でユーザーの頭の中のイメージが実際の画像とかけ離れていると、FAQの説明が理解できなくなる可能性があります。

Aには、必要に応じてイラストや写真があったほうがユーザーの理解の助けになります。

改善ポイント

イラストや写真をAの文に使うと、そのまま実際の画面などを見比べて

図4-4　イラストがない説明だとユーザーを悩ませる

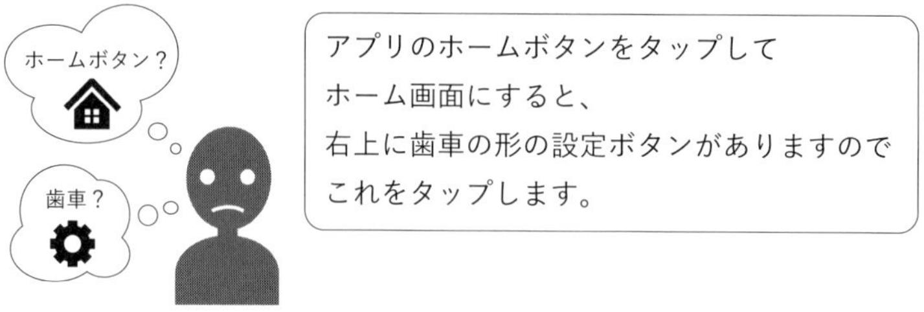

視覚的に認識ができるので理解もしやすいです。文字からイメージするといったことが不要で、ユーザーの誤解も防げます。

林さんのケースのFAQでは、Aの文にイラストや画像が使えます。

After

A：（略）

①ボタンをタップしてフォーム画面にします。

②右上のボタンをタップします。

③の下に現れるメニューから「バッテリ設定」をタップするとサブメニューが表示されます。

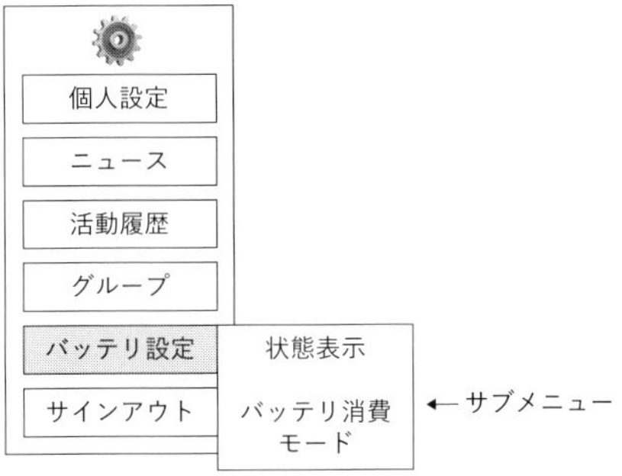

④バッテリ設定画面の一番下の「バッテリ消費モード」にて、ラジオボタンで適宜設定します。

解説

・「通常モード」は初期状態のモードです。

・「Wi-Fiモード」は位置情報を取得するためバッテリ消費します。
・「オフラインモード」はバッテリ消費を抑えます。

はじめに林さんが見た手順が、適宜イラストを使うことで理解しやすくなりました。スマホで設定操作に至るまでのボタンや「バッテリ設定」画面の説明が明快です。またイラストがあることで文字の説明もだいぶ省けるため、全体的にすっきりした印象になります。

イラストを駆使するテクニック

イラストを駆使したAの作り方でも、まずは通常どおり文字だけで書きます。

A： 当アプリでは省電力モードがあります。省電力モードにしておくと常時アプリを使っていても効率の良いバッテリ消費をしますのでバッテリの減りを抑えることができます。省電力モードの設定の方法は次のとおりです。

①ホームボタンをタップしてフォーム画面にすると、右上に歯車の形の設定ボタンがありますのでこれをタップします。
②次に設定ボタンの下に現れるメニューの上から5番目の「バッテリ設定」をタップしバッテリ設定画面に移動します。
③バッテリ設定画面では、現在のバッテリ消費状況も一目で見ることができます。画面の上から、消費状況、バッテリモードの記載、と続き最後にバッテリ消費モードと表示されます。
④バッテリ消費モードには「通常モード」「Wi-Fiモード」「オフラインモード」があり、「オフラインモード」が最もバッテリの消費を抑えます。「Wi-Fiモード」はWi-Fiを使って位置情報を取得するのでバッテリをより消費しやすいです。

次に、これまで述べてきたAの書き方や推敲方法にのっとって、上記の文を書きなおします。

A： バッテリを節約する省電力モードの設定の方法は次のとおりです。

①ホームボタンをタップしてフォーム画面にすると、右上に歯車の形の設定ボタンがありますのでこれをタップします。
②次に設定ボタンの下に現れるメニューの上から5番目の「バッテリ設定」をタップしバッテリ設定画面に移動します。

③バッテリ消費モードで、「オフラインモード」のラジオボタンをタップしてONにします。

解説
・「通常モード」は初期状態のモードです。
・「Wi-Fiモード」は位置情報を取得するためバッテリを消費します。
・「オフラインモード」はバッテリを抑えます。

最後に文にイラストを入れます。

このケースでイラストや写真があるとよいのは、スマホ画面上のボタン、現れるメニュー、バッテリ消費モードの「オフラインモード」のラジオボタンなどです。なぜならユーザーが自分のスマホで見るそのものと照らし合わせられるからです。

イラストは言葉と同様、同じ意味を示すものはFAQ全体を通じて必ず同じイラストを使用します。

FAQサイトによっては、動画を案内している場合もあります。動画は効果的なのですが、次の点も考慮してAに採用するかどうかを検討します。

- 音が出る懸念や時間的長さの懸念のため再生しないユーザーが多い
- イラストや写真よりもさらに専門的な構成力が必要
- データが大きいので通信量の懸念もある

それでもやはり動画を掲載する場合は、再生ボタンの位置に再生時間（短いほどよい）や音声の有無（無が好ましい）を記載するとよいかもしれません。

なお、イラストや写真、動画は文字だけよりも格段にデータ量が多くなるので、画面上に表示される時間が多少遅くなることがあります。ユーザーによってはスマホの使用パケットなども気にする人がいるので、必要最小限にします。

まとめ

FAQのAの文にイラストや写真を使用すると、文字ばかりの文よりも視覚的で理解しやすくなります。機器や画面の解説などでは必要に応じてイラストや写真を用います。ただし、イラストや写真の用い方には効果的なものとそうではないものがあるので、専門のデザイナーに相談することをお勧めします。

　また、イラストや写真をFAQで使いすぎるとかえって見にくくなり、データ量も増える点などには留意します。

第5章

FAQのガイドラインの作り方

FAQ制作と運営において、ガイドラインは必要です。FAQの書き方のルールを制定し、時間の経過や体制の変化に影響されず、質の高い業務を共有し続行できるようにするためです。

ガイドライン代わりに本書を携えるというのでもよいですが、企業ごと・目的ごとに特化したルールを定めることが本来は必要です。とはいえ、ガイドライン自体の内容が非常に多くて六法全書のようなものだと、特別な能力と非常に厳密な管理が必要になりFAQ運営そのものに疲れてしまうかもしれません。ガイドラインは関係者全員が手元において片手で参照できる程度の緩やかなものがお勧めです。

5.1 基本事項

ガイドラインの基本事項を述べておきます。たとえて言えば、おかあさんが作ったのと同じ味わいのカレーを何度も作れるレシピノートのようなものがガイドラインです。

良いガイドラインさえあれば、日常的なFAQの作文や編集をだれにでもできます。また作業の時間の間隔が空いてしまった場合でも、安定した定型の文体でFAQを書けます。

目的と目標を示す

ガイドラインで最初にFAQサイトの目的・目標を明示します。

- ×お客さまのお役に立つため
- ○コールセンターのコールを削減するため
- ○お客さまの自己解決を促すため

FAQサイトの目的は、上記の○のように成果が具体的にわかるのが正しい記載のしかたです。×のように、たとえば「役に立つ」がなにかがはっきりしないような記載は目的になっていません。

目的に対して、達成したい値や位置付けが目標です。

- ×コールセンターのコストが下がる
- ×電話が減る
- ○お客さまの自己解決率を70%にする
- ○コールセンターへのよくある質問のコール数を30%削減する
- ○コールセンターでの平均通話時間が20%短縮する

目標の記載も、上記の○のように具体的・定量的に示します。なおかつ、現実に合った目標値にします。具体的に明示することで、ガイドラインの意義がはっきり見えてきます。×のような表現では解釈が十人十色となり、良い目標設定とは言えません。

ユーザーターゲットや利用デバイスを定める

FAQサイトにアクセスしそうなユーザーのターゲットを想像します。

FAQサイトはインターネットに公開するのですべてのネット利用者を想定できますが、ターゲットは絞ったほうが効率の良いFAQ運営ができます。FAQを準備する対象の商品やサービスを利用するターゲットを想像するとまずはよいと思います。

またターゲットユーザーがより使いそうなインターネット機器を想定します。パソコンよりもスマホでアクセスするユーザーが圧倒的に多いと考えられる場合、スマホの画面でFAQを閲覧するときの見やすさを考慮したルールをガイドラインに反映します。

ルールにしたがっているかをチェックする

ガイドラインは額に入れて飾っておくものではありません。常にFAQと照らし合わせて、FAQがそのルールに沿って書かれているかのチェックが必要です。

FAQのチェックは、FAQを書いた人が自主的に行う以外に、カスタマーサポートの責任者も行います。チェック方法自体があいまいだったり面倒だったりすると、ガイドラインが宣言した目的と目標の追求ができません。そのためにガイドラインは、FAQをチェックしやすい内容にしておきます。その例は後述します。

なおガイドラインでは、FAQ制作者がある程度自由にFAQを書けるようなルールにすることも大切です。厳しいルールで作業者をあまり縛らないようにします。

作文ルール

本書で述べているQとAの書き方については、ガイドラインでルールを定めます。ルール自体をあいまいにしてはいけません。

- ×理解しやすいこと
- ○「～を教えてください。」を必ず語尾にして解決の頭出しをすること

上の×のような表現だと、「理解しやすい」という基準は人によって異なります。ルールとして的確ではありません。○のようにだれでも同様なFAQが書けるような表現にします。

FAQは企業の公式掲載情報です。商品やサービスのユーザーだけではなく、ほかの企業の人も見ます。その観点からすると、FAQの文には統一感が必要です。そのための作文ルールの例も記載します。

- ×すべての文は同じ文体で書く
- ×QとAで使う言葉は専門用語を使用しない
- ○文はですます調で統一する
- ○QとAで使う言葉は標準単語表を引用する
- ○QとAで使う専門用語も標準単語表を引用する

上記の「標準単語表」とは、FAQ全体で同じ意味の言葉の表記を統一しゆれがないようにするために定めておくものです。FAQシステムでの検索しやすさやユーザーからの見つけやすさにも関係します。なお、標準単語については第7章や第8章でも詳しく述べます。

×のような表現だと、判断は書く人しだいとなりFAQに統一感がなくなる可能性があります。○のようにすると基本的な書き方や引用が明確なので、制作者は統一的なFAQを書くことができます。また個人の判断が少なくなるので安心して楽に書けます。

FAQ全体の文に統一感がなければ、それだけで企業のマネジメントの質が問われるかもしれません。簡単で当たり前のことなのですが、ガイライ

ンに定めておくだけでFAQ制作者はときどき読み返して気を付けることができます。

FAQは長年に渡って制作・更新されるものです。ガイドラインに書き方のルールを定めておきそれを守ることで、時間の経過とは関係なくFAQの記載内容にムラやばらつきがないように常に保てます。

FAQサンプル

ガイドラインには、FAQの書き方や使う用語、運用に関するさまざまなルールを記載します。また、ユーザーの利便性・回答到達率・問題解決率をいかに高めるかということを、FAQ制作者が理解できるように記載します。

本書で取り扱っているようにQとAのサンプルを盛り込んでおくと、FAQ制作者は自分自身の書いたFAQと比較して、ルールに沿っているかどうか確認できます。

5.2 FAQ(QとA)作文ルール

ガイドラインで定めるルールは、QとAで共通することが多いです。以下の説明は、基本的にQとA両方で共通と考えてください。共通ではないルールは都度説明します。

最大文字数

FAQを読解するユーザーのことを考え、QもAも最大文字数を定めます。文章はユーザーが誤解なく読める範囲で短い、つまり文字数が少ないほど良いです。特に多くのユーザーがスマホの画面でFAQを閲覧することを考えると、文字数の考慮は必要です。ただし最大文字数は絶対に超えてはいけないというわけではなく、QとAを書く際の文字数の目安とします。

ユーザーに正しく理解される範囲で短文化するには、高度な文章力が必要です。最大文字数はあくまでも目安として、無理な推敲はせず多少長くなっても良しとすることもガイドラインに記載しておきます。

Qの最大文字数

FAQサイトの横幅を考慮して、FAQリストで見て可能な限り1行、長くても2行以内で完結できる長さで最大文字数Nを定めます。Webサイト制作者やシステム担当者とも相談しましょう。

多くのFAQシステムの仕様上、Qの途中に改行は入れないほうがよいでしょう。またFAQシステムによっては、Qの文の文字が多すぎる場合「……」が付いて、途中で途切れてしまうものもあります。その場合は途切れない範囲で最大文字数Nを決めるか、文字数が多くてもQの文が途切れないようFAQシステムを設定することをお勧めします。

Aの最大文字数

文字数制限Mを設けるとともに、行数制限Lも設けます。

Aの文の場合はユーザーの読解しやすさを考慮するために箇条書きにすることも多いので、行数が増える傾向にあります。そこで設定したMやLを限度の目安としてAを書きます。特にFAQをスマホで読むユーザーを想像すると、おのずとMやLが定まってくると思います。

Aが長くなりすぎないようにするには、第3章と第4章で実例を示したように一問一答になるような書き方を守るようにします。

漢字、ひらがな

漢字、ひらがなの使い分けをルール化します。

日本語は、漢字とひらがなの割合のバランスが読みやすさを左右します。漢字の割合を増やすと文全体が引き締まり文字数も少なめになりますが、多すぎると読みにくくなります。ひらがなを有効に使うと柔らかな印象になりますが、使いすぎるとこれも読みにくくなります。

ガイドラインでは、QとAを通じての漢字・ひらがなのルールを定めます。とはいえすべての言葉についてルールを記載するとガイドライン自体が膨大になります。まずはFAQ制作者によって書き方の違いが出そうな言葉からルールを定めるのがよいと思います(**表5-1**)。

カタカナ、アルファベット

カタカナとアルファベット（英語）のバランスも、読みやすさに関わります。特にカタカナ、アルファベットどちらも一般的になっている言葉については、FAQ全体を通して不統一にならないようにする必要があります。

FAQのQとAを通じて、カタカナ・アルファベットの使い方をルール化します。すべての言葉について規定するとガイドラインが膨大になるので、こちらもFAQ制作者によって書き方の違いが出そうなものからでよいです（**表5-2**）。

全角、半角

半角や全角についてもルールを定めておきます。

たとえば、「iPhone（半角）」「ｉＰｈｏｎｅ（全角）」や「無線LAN（半角）」「無線ＬＡＮ（全角）」が混在しないようにします。iPhoneやLANのように確立されたアルファベットの名詞は、半角で書くのが基本的に正解です。ただし固有名詞の数字やアルファベットを恣意《しい》的に全角にする場合は、ガイドラインに指示しておきます。

表5-1　書き方の違いが出そうな漢字・ひらがなの使用ルール

FAQで使う言葉	書く人で違いが出そうな書き方
申込み	申し込み／申しこみ／申込／もうしこみ
さま	様
障がい者	障害者／しょうがい者／障碍者
子ども	子供／こども
ください	下さい

表5-2　書き方の違いが出そうなカタカナ、アルファベットの使用ルール

FAQで使う言葉	違いが出そうな書き方
iPhone	アイフォン、アイフォーン
Windows	ウィンドウズ
オン・オフ	On/Off、ON・OFF
メール	e-mail、Eメール
パソコン	PC

原則としてカタカナの半角文字は使わないことをお勧めします。

略語、通称

略語や通称(トレンドな単語)はユーザーの読解のためには積極的に使うほうがよいですが、やはりガイドラインでルールを示します。

採用する略語を定める

略語、通称、それらの言葉の正式な用語、別の通称も一緒にリストでまとめておきます(**表5-3**)。ガイドラインで定めた場合はQとAで必ずこの表現を使うようにします。特にルール化していない場合は、QもAもすべて略称ではない正式な表現で作文します。

ただし「エアコン」や「通販」のように、略称自体がすでに一般名詞となっている言葉は特にガイドラインで定める必要はないと思います。

いっぽうで「パソコン」のように一般名になった略称でも、さらに「PC」といった言葉のゆれがあるものはどちらを使うかガイドラインで定めます。

新たに略語や通称を採用するときの採用基準を決める

世の中のトレンドとともに、新しい略語や通称がどんどん増えます。略称や通称を新たに採用するためにはリサーチは欠かせません。

たとえば、FAQの運用を通じて、ユーザーがキーワード検索した言葉の分析結果から収集することもできます。分析・集計してみて、より多くのユーザーに使われている言葉を採用するのが現実的です。こういった言葉の採用基準そのものもガイドラインにルール化しておきます。

分析とメンテナンスについては第7章で詳細に述べます。

表5-3　複数の通称や略称がある言葉の使用ルール

FAQで使う言葉	違いが出そうな書き方
スマホ	アイフォーン、Smart Phone、スマートフォン
メアド	メールアドレス、電子メール、Eメール
ガラケー	スマホではない携帯電話
損保	損害保険
パソコン	PC、パーソナルコンピュータ

文体・基本構文

QとAの文は、基本的に同じ文体・同じ構文にしておくとFAQの作文やメンテナンスが楽になります。文体・基本構文について、ガイドラインでルールを定めます。

Qの文体・基本構文のルール

Qの文はこれまで何度も述べたように、すべてのFAQサイトにおいて「問題＋解決案」を基本文体とすべきです。

Qの文末は、いくつかバリエーションが考えられます。

- 「解決案」を知りたい
- 「解決案」を教えて
- 「解決案」を教えてください

どれでもかまわないと思いますが、同一FAQサイトにおいては、同一の文末に定め、それをガイドラインにて指示します(**表5-4**)。

実際のQの作文においては、この基本構文に肉付けをして文を完成させていきます。

Aの作文の基本的な作文ルールを決めておく

Aの文はQに比べて情報が多くなるため、作文すべてを定まった構文にするのは現実的ではありません。ただし一文一文については基本的な作文ルールを定めておくことで、文を書く際の下敷きになります。

基本作文のルールがないと自己流でFAQ制作者が書くことになり、FAQ全体に一貫性がなくなります。しかし作文ルールを定めておくと、FAQ制

表5-4　「知りたい」を文末とした場合

問題	解決案	Qの文例
パスワード忘れた	再設定方法	パスワード忘れたので再設定方法を知りたい。
加入したい	申込方法	加入したいので申込方法を知りたい。
ポイントを使いたい	ポイントを使える店	ポイントを使いたいので使える店を知りたい。
ポイントを使いたい	使えないケース	ポイントを使いたいが使えないケースを知りたい。
荷物が大きい	送料を知りたい	荷物が大きいので送料を知りたい。

作者は型どおりの作文作業ができます。この場合型どおりというのはけっして悪いことではなく、複数のFAQ制作者や時間が経ってからの作文にむらがなくなるのです。

作文ルール化の簡単な一つの方法は、モデルとなるAの文を書いておき、それをまねる形で作文することです。その際にモデルの文をそのままコピーして書き換えると、間違った情報が残ってしまう可能性があるので注意してください。あくまでも手本としてまねて書くようにします。

記号、特殊文字のルール

QとAで使用する記号や特殊文字のルールを定めます。記号や特殊文字は、FAQ全体を通じて数パターンのみを使うようにし、それ以外は通常の文字を使用します。

記号や特殊文字が乱用された文章は陳腐に見え、また読みにくいものです。けっして無制限に記号や特殊文字を使用しないように、ガイドラインのルールで決められたものだけを決められた用途でのみ使うようにします。たとえば、()【】■の使用ルールは**表5-5**のような形です。

専門用語・技術用語・商品用語・サービス用語のルール

FAQサイトの性質上、専門用語・技術用語・商品用語・サービス用語は、ユーザーの理解度を考えると少ないほうがよいです。使わなければいけないケースでも、ユーザーの読解や問題解決にできるだけ影響がないようにする必要があります。これらの用語の使い方もガイドラインでルール化し

表5-5　記号・特殊文字のルール

記号・特殊文字	用途
【】	Qの文の製品名用
()	Qの文やAの文での言葉の注釈用
■	Aの文の項目用（必要があれば）
※	Aの文の補足用（必要があれば）
〒	Aの文の郵便番号用

ます(**表5-6**)。

専門用語・技術用語・商品用語・サービス用語をQとAで使う場合、必要に応じて「Wi-Fi(無線LANの規格)」といった注釈を付けておくことをお勧めします。

あるいはFAQサイト内に別途用語集を設けて、Aでそういった用語を使用する場合は用語の解説をするためのリンクを設けることも可能かと思います。

5.3 ガイドラインの管理

ガイドラインはFAQと同じく、作成したらそれで完了ではありません。FAQサイトの運営や分析によって更新が必要です。ここではガイドラインそのものの更新や管理について述べます。

より良質なQとAがFAQサイトに準備できるように、ガイドラインも柔軟に成長させます。

更新の見極めとタイミング

ガイドラインはルールでFAQを絶対服従させるというものではありません。FAQがユーザーに利用された状況を分析し、ガイドラインに反映させる場合も多いです。

たとえば、ガイドラインのルールにはもともと書かれていなかったことを実験的にFAQに施したところ、ユーザーの回答到達率や問題解決率が向上した場合などです。その場合はメンテナンスした内容をガイドラインに

表5-6　専門用語・技術用語・商品用語・サービス用語のルール

用語	意味	注釈	Qでの使用	Aでの使用
Wi-Fi	無線LANの規格	無線LANの規格	可	可
アカウント	ユーザーを特定する情報	ID/パスワード	不可	可
めるサポ	メールでのサポートサービス	メールでのサポートサービス	不可	可、または解説を付ける

新たに盛り込みます。

ガイドラインが更新された場合、更新箇所を速やかにFAQ制作者に伝え必要に応じてFAQ全体を更新します。

さらにガイドライン自身も定期的(たとえば3ヵ月ごと)に必ず見なおすルールにするとよいと思います。そのことで新たな気付きが発生します。特にFAQサイトとユーザーの間にある言葉の差や、世の中の一般常識の変化に合わせた更新は頻度が多いと思います。

FAQ制作者と承認者

ガイドラインは、FAQの書き方のルールを定める重要なものです。したがってFAQ制作者とは別に、ガイドラインの編集や管理についての承認者を任命します。

承認者はFAQ制作者と密に連携し、ユーザーの回答到達率・問題解決率を含めたFAQのKPIやFAQそのものを日々分析します。それを参考にFAQの書き方をあらためて検討・改善して、ガイドラインに反映・更改します。

ガイドラインの更改にはもちろん目的や理由が必要です。更改の理由を裏付ける分析データをもって承認者が更改を承認します。

❶FAQ制作者は常にFAQ運営での分析とメンテナンスを怠らない。メンテナンス方法にはKPIを向上させる新たな試みも含まれる場合がある

❷新たな試みのメンテナンス方法でKPIが向上した場合、その証拠データを示す

❸承認者は、KPIが向上したという証拠データをもって、新しいメンテナンスの方法をガイドラインに反映するかどうか判断する。そして必要に応じてガイドラインを更改する

FAQについて質の重要さを把握している人が承認者として、ユーザーの解決率の向上を目的にガイドラインをしっかり管理します。

第**6**章

FAQのカテゴリの作り方

本章では質の高いカテゴリの作り方について述べます。

多くのFAQサイトでは、ユーザーがFAQを絞り込んでいけるように、FAQをカテゴリ分けしています。各FAQは、それぞれ最適なカテゴリの中に属しているはずです。

カテゴリには必ずタイトルが付いています。またカテゴリは階層構造になっている場合もあります。カテゴリ分けすることをカテゴライズと言いますが、それはFAQ制作者の作業です。カテゴライズにも質があります。質の低いカテゴライズは、ユーザーが求めるFAQがあるのにそこまでたどり着けない原因になります。FAQを活かすためにも、質の高いカテゴライズをしておく必要があります。

カテゴライズは、商品やサービス、そしてFAQの内容によっていくつもパターンが考えられます。本章ですべてのパターンは紹介できませんが、質の高いカテゴライズの考え方をわかりやすく紹介します。

6.1 カテゴライズの重要なポイント

カテゴライズは容易ではありません。しかしカテゴライズしておかないと、ユーザーはFAQを絞り込むことができないので、キーワード検索だけに頼ることになります。

まず、カテゴライズの重要なポイントを述べます。

カテゴライズの検討

カテゴライズは、ユーザーが「これかもしれないしあれかもしれない」と迷わないようにする必要があります。

迷わないカテゴライズとは、一つ一つのカテゴリがまったく違う種類のものであることがわかることです。つまりユーザーが明快にカテゴリを取捨選択できるようにしておくことです。

図6-1の例はレストランのメニューの目次ですが、この記載だとお客さまが迷ってしまいそうです。たとえば、うどんやそば、スパゲティやピザはどこだろうと。

実際のFAQサイトにおいても、選択に迷ってしまうカテゴリはよくあります。下記は税務関連のFAQの例です。たとえば、「税金の還付手続き」や「控除のしかた」といった質問をしたい人は、どのカテゴリを選べばよいか迷うと思います。

- 確定申告
- 消費税
- 消費税の予定申告
- 控除証明書
- 特別控除
- 扶養証明書
- 源泉徴収
- 青色申告

FAQ制作者の知識のレベルでFAQをカテゴライズしていても、ユーザーが同じレベルではなければカテゴリを選べません。迷った挙句選んだカテゴリにFAQが見つからなければ、ユーザーは別のカテゴリを選びなおすか離脱するしかありません。選んだカテゴリに期待したFAQがないと、ユーザーからの信頼は下がってしまいます。

図6-1　選ぶのに迷ってしまうメニューの目次

<目次>

和食	1ページ
麺類	2ページ
軽食	3ページ
ごはんもの	4ページ
エスニック	5ページ
サラダ	6ページ
パスタ	7ページ
カレー	8ページ
イタリアン	9ページ
サンドイッチ	10ページ
お飲みもの	11ページ

カテゴリタイトル

カテゴリの一つ一つはFAQの入れ物です。入れ物のふたを開ける前に入っている中身を想像できるように、カテゴリにはタイトルが付いています。カテゴリのタイトルは、ユーザーの想像を裏切らないものにしなければいけません。

カテゴリのよくある失敗例は、企業目線でタイトルが付けられているものです。

- お取引について
- 契約について
- 料金について
- 各種手続きについて
- 窓口での手続き
- トラブル・お困りごと

上記のようなタイトルでは、それぞれがなにを指しているのかをユーザーははっきりわかりません。「お取引」と「契約」と「手続きの」違いや、「トラブル・お困りごと」の意味するものなど企業の主旨とユーザーの想定するものは同じではありません。

ユーザーがFAQを探す場合、ユーザーの頭の中にあるものは、困りごとやわからないことに関連した言葉です。それらの言葉を連想させるようなカテゴリのタイトルにしなければ、ユーザーの立場に立っているとは言えません。

カテゴリの粒度

カテゴライズは、粒度をそろえることを意識します。

- アジアの動物
- 空を飛べる動物
- 草食動物
- 蹄《ひづめ》のある動物
- 東京の動物

上の例では、だれが見ても「これはどんな基準で分類しているのかな？」と首をかしげるでしょう。こういったものを粒度がそろっていないカテゴライズと言います。粒度がそろっていると、どのカテゴリにも中身が重複することなく入っているというイメージを与えます。

ユーザーはカテゴリどうしを比較して、それらの違いから取捨選択していきます。粒度がおかしなカテゴリどうしの比較はユーザーを混乱させます。

6.2 質の高いカテゴライズ

具体的に質の高いカテゴライズについて述べていきます。

質の高いカテゴライズだと、ユーザーはスムーズにFAQを絞り込めます。その結果、FAQが見つかる率(回答到達率)が向上し、問題が解決できればユーザーの自己解決率も高めることになります。

シンプルなカテゴライズを心がける

シンプルなカテゴライズにしておくと、ユーザーはスムーズにFAQにたどり着けます。

たとえば無数のカテゴリがびっしり並んでいるようなFAQサイトをよく見ますが、カテゴリをすべてチェックするだけで一苦労です。ましてやスマホで見ると、カテゴリを全部眺めるために画面を何度かスライドしなければなりません。カテゴリに限らず選択肢が多いと、それだけで私たちは判断に時間をかけなければなりません。選択肢は少ないほうがものごとはすぐに決まります。

カテゴリ数の最大の目安としては、できれば8個以内がお勧めです。階層型のカテゴリの場合は、1階層あたり8個までと考えてください。無論8個よりも少ないほどよいです。

8個の根拠について述べます。人に選択肢を提示する数は、最大でも8個程度がよいと言われています。目の前に選択肢が複数あるとき、私たちはそれらの中から1つ選ぶために、すべての選択肢どうしを比較します。比較のために短期的な記憶を使います。選択肢が9個以上になると、一般の人は選択作業が極端に遅くなっていくようです。人が短期的に記憶できる限界は平均して7個±2個ほどだということだからです。無論筆者は専門ではないですが、認知心理学では比較的知られた説で、また生活の中のいろんな場所に応用されています。この説を最初に論文にしたのは、ジョージ・A・ミラーという認知心理学者です[注1]。

FAQがたくさんある場合に、カテゴリを8個以内(8分割)には絞り切れないのではという懸念はあるでしょう。その点についてはこれから払拭します。

シンプルなカテゴリのアイデア

FAQが多すぎてたった8個のカテゴリに分けるのは難しいという場合もあります。それを解決するアイデアとして、FAQサイト自体を分けてしまう方法があります。

そもそもFAQをカテゴライズしなければいけない理由は、FAQがたくさんあるからです。たくさんあるFAQを減らすことができないのであれば、サイト自体を分けてサイトごとのFAQ数を減らします。

サイトを分けるのも一種のカテゴライズですが、ユーザーが選ぶ段階で迷わないように各サイトのテーマをはっきりさせておく必要があります。以下はサイトの分け方の一例です。

- FAQサイト1. ご契約前、ご契約ご検討中の方向けFAQ
- FAQサイト2. ご利用前、ご契約お手続中の方向けFAQ
- FAQサイト3. ご利用中の方向けFAQ

ユーザーは商品やサービスと自分の立場(契約前か契約中かなど)は明確にわかっているので、上記のようなサイトの分け方はわかりやすいと思います。FAQの数を絞ることができるだけではなく、各サイトの条件がはっきりしているだけに、FAQで書く内容もシンプルにできます。

シンプルなカテゴライズの管理面でのメリット

シンプルなカテゴライズは、管理面でもメリットがあります。カテゴリが多いほど、当然ながらタイトルの命名作業も多くなります。また階層を増やすほど、全体構造が立体的に複雑になっていきます。

FAQは、カテゴリごとにそこに属すべきFAQを定義していかなければな

注1　Miller, G. A., "The magical number seven, plus or minus two: some limits on our capacity for processing information," *Psychological Review*, 63(2), American Psychological Association, 1956, pp.81-97.

りません。FAQサイトの開始当初はカテゴライズが多少複雑な程度だったとしても、時間が経つにつれてだんだんと管理が行き届かなくなる可能性があります。

カテゴライズは極力シンプルにしておくことで、上記のような作業も緩和されて管理面で楽になります。

質の高いFAQを書いておくとカテゴライズが容易

当然ですが、カテゴライズは、まずFAQをすべて準備してから行います。FAQという中身(コンテンツ)がおよそそろったところでカテゴライズができます。

質の高いFAQを書いておくとカテゴライズもしやすいです。質の高いQの文には、カテゴライズの手掛かりがきちんと含まれています。次の2つを比較してみましょう。

Before

Q1：パスワードを忘れてしまいました。

▼

After

Q2：ABC会員用ログインパスワードを忘れた際の再発行手続きは？

Q1をもとにカテゴライズしようとしても、手掛かりは「パスワード」「忘れた」程度です。この言葉だけのカテゴライズでは、ユーザーに特別な想像力を求めなければなりません。

Q2は文の中に「ABC会員」「ログイン」「パスワード」「忘れた」「再発行」「手続き」のようにカテゴライズの手掛かりとなる言葉が豊富に含まれています。

すべてのFAQがQ2のような作文になっていれば全体的にも文体がそろっており、それぞれで使われている言葉を手掛かりにカテゴライズが容易になります。

Q1：ABC会員用のログインパスワードを忘れた場合の再発行手続きは？
Q2：ABC会員用のログインのユーザーID追加の申し込み手続きは？
Q3：ABC会員用のログインのサイト専用のスマホアプリの入手方法は？

上記なら各FAQで共通する語彙を考えて、

- ABC会員関係
- ログイン関係
- 手続き関係

といったカテゴライズが想定できます。

ユーザーが取捨選択しやすいカテゴリタイトルにする

カテゴリのタイトルはユーザーが直感的かつ迷いなく取捨選択できるものにすると、信頼性の高いFAQサイトになります。

そのためには、カテゴリのタイトルは企業視点ではなく、ユーザーの困りごとやわからないこと視点、あるいはユーザーが自分の置かれている状況から連想できるタイトルを考えます。

ユーザー視点のカテゴリタイトルにする

たとえば次のQの場合、適当なカテゴリのタイトルはなにがよいでしょうか。

> **Q**：　AA保険BB特約が満期に近付いているので延長方法を教えて。

「AA保険BB特約」や「契約について」といったカテゴリを作ってそこに入れてしまいそうです。たしかにそういったタイトルは、製品名や位置付け、手続きを把握している企業にとっては自然なタイトルかもしれません。しかしFAQを探すユーザーにとってはわかりにくいのです。

商品名やサービス名をユーザーが正しく覚えているとは限りません。特に毎日眺めるわけではない保険名やサービス名などはきちんと覚えていません。「○○保険□□特約」といった商品名ばかりのカテゴリが並ぶFAQサイトがありますが、ユーザーは「はて？」と立ち止まってしまいます。

では「契約について」というカテゴリはどうでしょうか。企業(保険会社)の事務処理上は「満期」も「延長」も、「契約について」の範囲かもしれませんが、ユーザーにはそんなことはわかりません。「契約について」だと、ユーザーは「新規の契約」といったイメージを持っているかもしれません。

上記のQを見つけたいユーザーが思い浮かべているのは、「満期」や「契約の延長」ではないでしょうか。なぜならば、「満期」や「契約の延長」はユーザー自身が意識的にわかっていることであり、FAQを探す動機だからです。「契約期間・変更・延長」といったカテゴリタイトルなら、このFAQを探すユーザーは迷わず選べます。このQには「満期」や「契約の延長」という言葉が含まれているので、そのままユーザー視点でのカテゴライズになります。

「契約期間・変更・延長」というタイトルのカテゴリなら、

Q1：HH保険長寿型の契約期間を教えて。
Q2：HH保険長寿型の支払いの満期を教えて。
Q3：BB保険積立型の積立期間の変更方法を教えて。
Q4：BB保険積立方が満期に近付いているので延長方法を教えて。

といったFAQも網羅できそうです。Qの文がカテゴライズの手掛かりになります。

ユーザーがいったん正確なカテゴリを選ぶと、FAQはだいぶ絞り込まれます。そこでユーザーは必要に応じて自分の商品名(保険名)をあらためて調べて正しいFAQにたどり着けます。

「結局商品名がうろ覚えではだめではないか」と思うかもしれませんが、ユーザーの手間を楽にするにはこのロジックは間違っていません。たとえば、大きなレストランなどでとにかくからいものが食べたいときに中華、イタリアン、韓国料理、メキシカン……というカテゴリを先に選ぶより、「からいメニュー」で先に絞り込んでから決めるのが早いのと似ています。

カテゴリ配下のFAQの数

次のFAQはどんなカテゴリが良いでしょうか。

Q：スマホで高速通信テラパックに変更した場合の月額料金を知りたい。

このFAQを探しているユーザーは「高速通信テラパック」に変更したいので、このサービス名は明らかに認識しています。こういった場合、「高速通信テラパック」はカテゴリのタイトルとして使えます。

ただし1つの固有のサービス名のカテゴリだと、そこに含まれそうなFAQ

が少ない場合は「高速通信テラパック」をカテゴリにするのは適当ではありません。「サービス変更」「料金」といったタイトルのカテゴリのほうがより汎用性があり、ユーザーの探す動機にも結び付きます。

Q1：サービス利用料を年間一括支払いに変更した場合の料金を知りたい。
Q2：メールサービスだけ解約した場合の月額料金を知りたい。

といったFAQも上記の「サービス変更」や「料金」カテゴリに無理なく入れることができ、かつユーザーは迷わず選べます。もちろん「高速通信テラパック」でも多くのFAQを入れることができるのなら使ってもよいと思います。

このようにカテゴライズには、配下に存在できるFAQの適量も検討するとカテゴリがむやみに多くならずにすみます。

上のように、FAQの質が高いと、Qの文にカテゴライズの手がかりがいくつもあります。FAQ全体で照らし合わせながら、最も適切なカテゴリを検討します。

商品名やサービス名をカテゴリにするケース

前述のとおり、商品名やサービス名はユーザーがうろ覚えの可能性があるためカテゴリにはお勧めではありません。しかし、商品名やサービス名をカテゴリにせざるを得ないケースがあります。それはメーカー系のFAQです。

メーカー各社は1製品に対して非常に多くの型番の異なる機種を販売し、何年にも渡って保守・カスタマーサポートを続けます。たとえば1メーカーのカメラだけでも何百種類もの型番があります。

そういった場合、機種番号や製品名がFAQの最初のカテゴリに使われています。ユーザーは自分が持っている機器の型番を最初に調べたうえで、その型番を表すカテゴリでまずFAQを絞り込みます。

企業側では、FAQサイトに「まずお使いの機器番号をお手元にご準備ください。」といった記載をしておくとよいでしょう。

取捨選択しやすいカテゴリの例

カテゴリは、ユーザーが迷わず取捨選択できなければいけません。これはQを書くときの考え方と同じです。ユーザーが自分の困りごとと照らし合わせて「このカテゴリに間違いない」と思うと同時に、ほかのカテゴリを「これではない」と無視できるカテゴライズを心がけます。

とても大切ですが難しい点でもあるので、簡単な例とFAQを使ったサンプルで詳しく述べます。たとえばユーザーが、園芸屋のたくさん並んだ棚の前で花の種を探しています。花は「あさがお」という名前だけはわかっているのですが、棚の名前が次のようだと、迷ってしまいなかなか選べないと思います。

- バラ科の種
- キク科の種
- ヒルガオ科の種
- 春の花
- 夏の花
- 1年草
- 2年草

次のように名前の棚が並んでいたらすぐに選択できそうです。頭に浮かんでいる花の名前とも比べやすく、関係ないものもすぐわかります。

- 「あ～こ」から始まる花
- 「さ～と」から始まる花
- 「な～ほ」から始まる花
- 「ま～ろ」から始まる花
- 「や～よ・わ」から始まる花

では、通販のFAQサイトをイメージしてください。こういったカテゴリはユーザーが迷ってしまう例です。

- 注文について
- 返品について
- 不良品の取り扱いについて
- 配送について
- 不在時の取り扱いについて
- 時間指定について

たとえば注文したものを受け取ったところ不良品だったので返品したい

場合、「返品について」「不良品の取り扱いについて」のどちらを選べばよいか迷います。また注文品の受け取りの指定時間を変更したいユーザーは、「配送について」「不在時の取り扱いについて」「時間指定について」のどれを選べばよいか迷います。

「もし間違ったカテゴリを選んでしまったらFAQにたどり着けないかも」という不安が、さらにユーザーの迷いを助長します。間違えたら選びなおせばよいだけ、と考えるのは誤りです。ユーザーは辛抱強くカテゴリを選びなおすよりも離脱を選ぶかもしれません。または迷いに迷った挙句、なにもせずに離脱するかもしれません。

これを次のようなカテゴリにしてみます。

- ご注文
- 注文キャンセルの返品
- 不良品・間違い・不備品の返品
- 配送の時間指定・変更
- 配送先の指定・変更
- 不在配達票

不良品を受け取ったユーザーがそれを返品したい場合「不良品・間違い・不備品の返品」だけが唯一のカテゴリです。キャンセルなどの理由で返品したいときは「注文キャンセルの返品」以外にはありません。荷物受け取りの指定時間を変更したいユーザーは、「配送の時間指定・変更」となります。

こういったカテゴライズとタイトルなら、ユーザーは自分が選ぶべきカテゴリとそれ以外のカテゴリを容易に見分けられます。カテゴライズやタイトルの工夫によってユーザーは取捨選択が容易になり、迷わずFAQを絞り込めます。

取捨選択しやすいカテゴリについては難しい面も多々あるので、以下の説明が助力になればと思います。

6.3 さまざまなカテゴリ構成

これまで述べてきたカテゴライズの基本を下敷きとして、いくつかのカテゴリ構成について紹介します。

なお、FAQシステムによってはここに述べるカテゴリ構成に対応できない場合があるのでご注意ください。FAQシステムについては第8章で詳細に述べます。

階層型カテゴリ構成

カテゴリ構成で最もオーソドックスなのは階層型カテゴリです。階層型カテゴリとは、**図6-2**のように一つのカテゴリの配下にさらに細かく分かれたカテゴリが多段的に作られているという状態です。フォルダの構成に似てい

図6-2　階層型カテゴリの構造

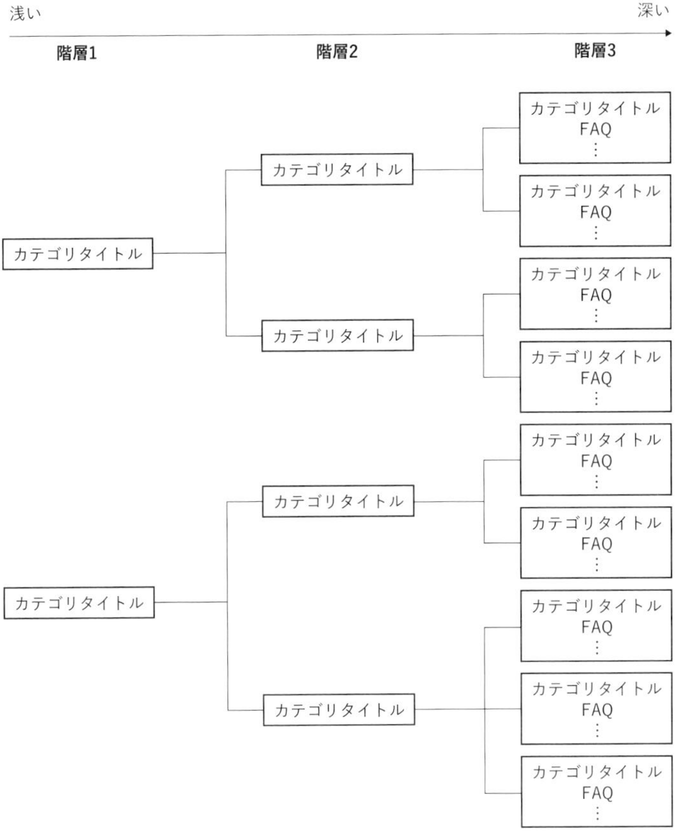

るので、ユーザーもFAQ制作者もイメージしやすいという利点があります。

カテゴリ階層も、フォルダのように深い階層に作ることができます。ただし階層化には注意も必要です。

ユーザー目線の階層化

階層型カテゴリで情報を絞り込む場合、ユーザーはカテゴリを浅いほうから深いほうに順に進んでいきます。それを踏まえて、ユーザー目線での構成とタイトルになるようにします。

ユーザー目線の階層やタイトルとはなんでしょうか。わかりやすく、動物のキリンを階層型カテゴリで示します。

キリンは動物分類的には**図6-3**のように分類(カテゴライズ)されるようです。しかしこのカテゴリを示されても、すんなりとキリンにたどり着ける人は少ないと思います。

図のカテゴライズの場合、ユーザーが最初に目にするのは次のカテゴリです。

- 哺乳綱
- 鳥綱
- 両生綱
- 魚綱
- 昆虫綱

図6-3　動物分類学上のキリンが属するカテゴリ

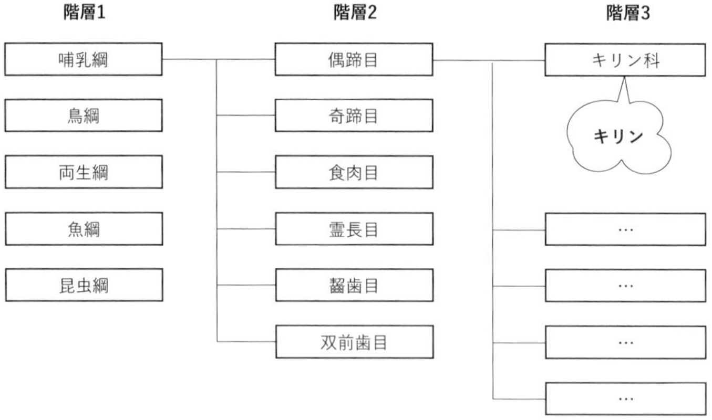

ここではなんとなく「哺乳綱」というのは選べそうです。「哺乳綱」の配下のカテゴリを見てみると、

- 偶蹄目
- 奇蹄目
- 食肉目
- 霊長目
- 齧歯目
- 双前歯目

とあります。ここで多くの人は、どのカテゴリかわからなくなるのではないでしょうか。

最初のカテゴリ「綱」は通過できても、その配下のカテゴリ「目」でわからなければ、私たちは勘をたよりに進むか離脱するかになります。勘で進んだ場合は間違う可能性もあります。たとえ動物分類学的には正しい階層型カテゴリを示されても、一般の人には目的のものにたどり着くのが難しいものになります。

では、**図6-4**のような階層型カテゴリにするといかがでしょうか。これなら一般の人にもわかりやすいです。カテゴリ階層をたどる途中であまり迷わないと思います。もちろん完璧ではありませんが、動物分類学のカテゴリ構造に比べれば視点が一般の人に合っています。

このように、階層型カテゴリではユーザーの目線や知識を十分に想像す

図6-4　一般のユーザー目線に近付いたキリンのカテゴリ

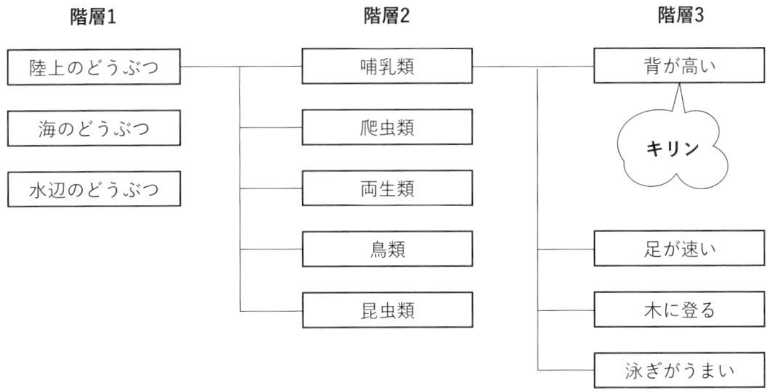

るようにします。

FAQにおけるユーザー目線

次のFAQを探しているユーザーがいるとします。このFAQを階層型カテゴリに入れる場合を考えます。

Q： 怪我で入院した場合の治療費請求方法を教えてください。

ユーザー目線ではないカテゴリ構成を**図6-5**に示します。これではユーザーがFAQにたどり着けない可能性があります。たとえば「給付金」というカテゴリは、「保険会社から給付する」という保険会社目線のタイトルです。また「治療費支払い」というカテゴリも、「保険会社から支払う」という保険会社目線です。

ユーザー目線でのカテゴリにすると**図6-6**のようになります。いずれのカテゴリのタイトルもユーザー目線になっています。ユーザーが請求しユーザーが治療を受けるので、このカテゴリだとユーザーがしたい質問の要素を表しています。ユーザーは迷わず選ぶことができ、順番にたどりやすい階層型カテゴリになります。

図6-5　ユーザー目線ではないカテゴリ

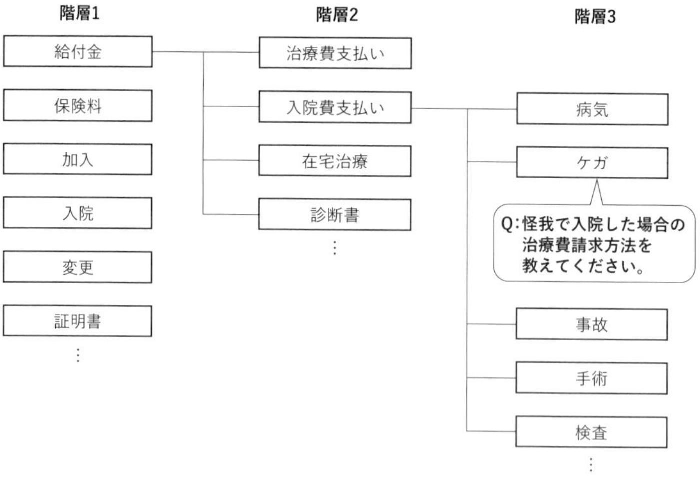

階層の深度は2階層まで

階層型カテゴリの説明するために深いカテゴリで述べてきましたが、カテゴリ階層は2階層までをお勧めします。カテゴリは階層が深くなるほどユーザーには選択肢が増え、その分誤りや迷いの可能性も増えるからです。

たとえば図6-4で述べたキリンの例でわかりやすいカテゴライズをしていたとしても、1つでも選択を誤るとキリンにたどり着けなくなります。浅い階層のカテゴライズにするのは、選択の誤りの可能性を少しでも減らすためです。特にスマホの場合は画面サイズの関係で階層をたどるたびに画面が切り替わるので、ユーザーは自分のいる場所がわからなくなる可能性があります。カテゴリを浅くしておくことで、万が一ユーザーがカテゴリを間違えても手戻りが少なくてすみます。

FAQの数が多いとカテゴリが2階層だけだと十分に絞り込めないと感じるかもしれません。しかし2階層だけでも、上の階層で5カテゴリに分け、下の階層でもさらに5カテゴリに分けたら、ユーザーが一番深い階層に進んだころにはFAQ数を25分の1にまで絞り込めます。

ユーザーにはカテゴリで絞り込みするとともに、キーワード検索も併用してもらう案内も一つのアイデアです。

図6-6　ユーザー目線のカテゴリ

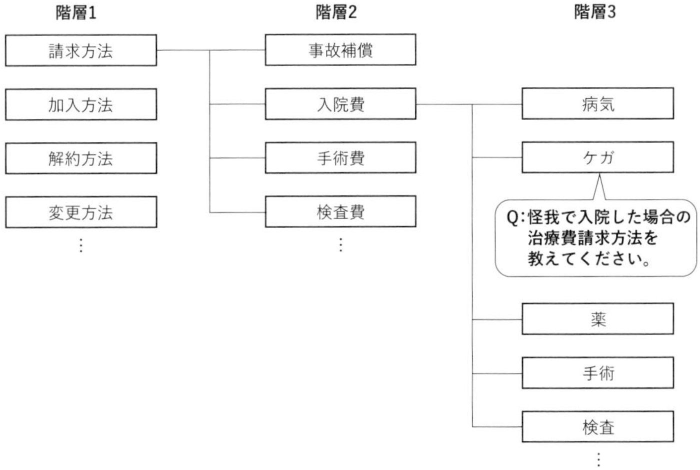

マルチカテゴリ構成

マルチカテゴリ構成では、1つのFAQを複数のカテゴリに所属させることができます。そのことで、ユーザーがFAQにたどり着ける率を上げられます。またユーザーの迷いも吸収するカテゴリ構成です。

企業が考えるカテゴリと、ユーザーが考えるカテゴリを完全に同じにするのは難しいものです。わかりやすいたとえで言うと、映画『スター・ウォーズ』のカテゴリはなにかを複数の人に尋ねると、「SF」「ファンタジー」「アクション」などさまざまになります。マルチカテゴリは、そういった状態を解決しようとするものです。

マルチカテゴリ構成とユーザー目線

ユーザーが迷ったりカテゴリの中身を深読みしたりする必要もなく、直観的にカテゴリを取捨選択できるのは理想です。それでもユーザーのカテゴライズと企業のカテゴライズを完全一致はできないので、「念のため」としてマルチカテゴリ構成にしておくという程度が正しいです。

マルチカテゴリライズの例では、

Q: ケガで入院した場合の治療費請求方法を教えてください。

というFAQを求めるユーザーの多くは、「ケガ」というカテゴリを選ぶと思います。ただしまれに、「手術」というカテゴリを選ぶユーザーもいるかもしれないことから、念のため「手術」にも同じFAQを入れておきます(**図6-7**)。

マルチカテゴリを設定した場合のアイデアの一つとして、たとえば下記のような記載をFAQサイトの目立つところにしておくとよいかもしれません。

近いと思うカテゴリを選んでください。ゆるやかにFAQを絞り込みます。

ユーザーが安心し、カテゴリの選択に迷う時間を少しでも短縮できれば、サイトからの離脱を減らすことにもなります。

階層型カテゴリ、マルチカテゴリ構成の組み合わせ

カテゴリの構造が少し複雑になってきますが、カテゴリ自体をマルチカテゴリ構成にする考えもあります。**図6-8**のようなイメージです。これで

図6-7 マルチカテゴリでFAQを複数のカテゴリに所属させる

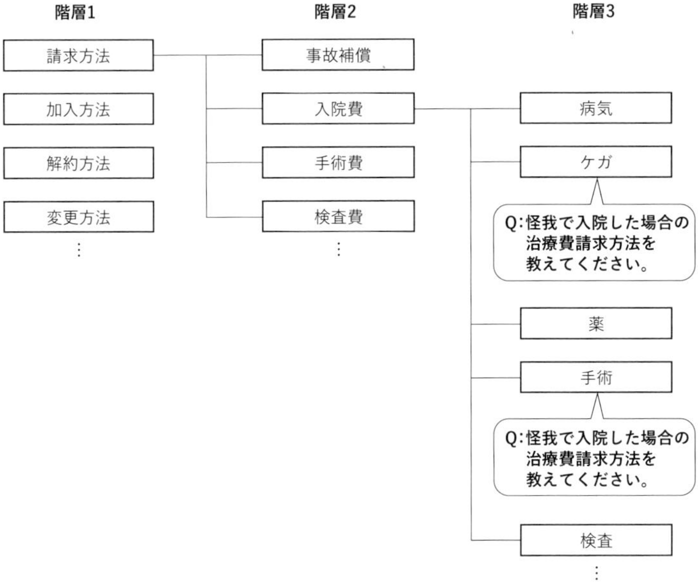

図6-8 FAQもカテゴリもマルチに所属させる

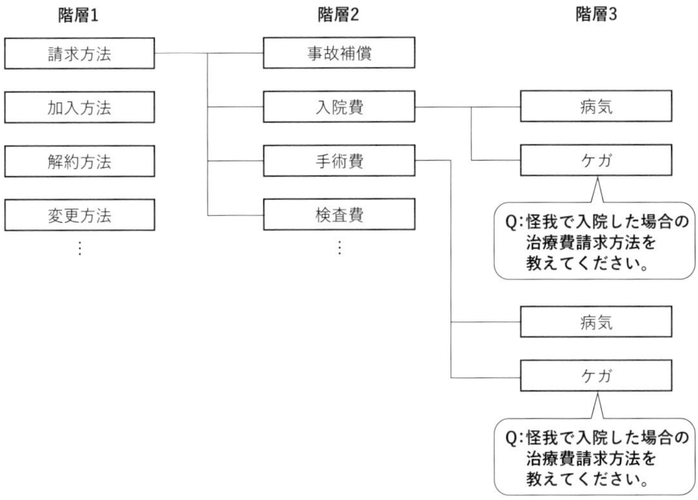

もユーザーとFAQ制作者とのカテゴライズのずれを緩和できます。

このようにマルチカテゴリは柔軟な構成にできますが、凝りすぎると入り組んだ迷路のように複雑になり、管理が大変になるのでご注意ください。カテゴリ構成はユーザー目線で取捨選択に迷わないものを基本原則として、マルチカテゴリ構成はあくまでも補助的に必要最小限で設定するぐらいがよいと思います。

レコメンド型カテゴライズ

通販サイトやFAQサイトでも、「これを見た人はこちらも見ています」という表示でほかの商品やFAQを案内するものがあります。このレコメンドと呼ばれているしくみは、Webページでのユーザーの PV や検索操作といった利用動向・導線を常時分析して、その分析計算から近しい商品やFAQを提示しているものです。

カテゴリとは少し思想が異なりますが、このしくみを使ってまとまったFAQをユーザーに提示することもできます。レコメンドを使ったFAQの絞り込みを簡単に紹介します。

恣意的なレコメンドによるカテゴライズ

レコメンドはサイトからユーザーの利用状況が収集でき、計算式があれば、システムにとっては比較的簡単で自動化もしやすいしくみです。

通常は、FAQシステムが自動的に割り出したFAQをユーザーにレコメンドするというものです。しかしFAQ制作者が恣意的(計画的)にFAQどうしの関連付けを設定しておいて、ユーザーへそのFAQを見てもらうほうが現実的です。

たとえば、FAQのAの文で使われている用語が難しいと予想し、その言葉の意味を説明する別のFAQを恣意的に紐付けてユーザーにレコメンドするといった使用法です。

FAQを関連付けるにはFAQ分析が役に立つ

上記のように、関連するFAQを恣意的に結び付けておく使い方は便利です。どのFAQとどのFAQを結び付けるとユーザーにとって便利かという点に関しては、FAQサイト運営での分析やコールセンターのコールリーズン分析が必要です。

「これを知りたい人はこれも知りたい」という関連をいかに分析するかのシンプルな方法は、見られるランキングが高いFAQどうしを見比べてみて、その間の関連性を検討する方法です。関連性が強いと思える場合は2つのFAQを恣意的にレコメンド設定します。

ソート型カテゴリ

シンプルで絞り込み効果も高いのはソート型カテゴリです。ソート型カテゴリ構成では、FAQのQの文一覧をソート(並べ替え)することで、FAQがすばやく絞り込めるようになっています。ソートされることを意識してQを書いておく、つまり、俯瞰的な視点で全FAQが書かれている場合に使用できる方法です。

ソート型カテゴリはQの文の構成が鍵

ソート型カテゴリの効果は、Qの文体にかかっています。FAQのQの文体を徹底的に統制し、ソート型カテゴリが効果を発揮するようにします。

ソート型カテゴリを採用したい場合、FAQは文を書くというよりも、困りごとやわからないことに対してのキーワードを並べたQを準備することになります。ソート型カテゴリを意識したわかりやすいFAQ(Q)の一覧サンプルです。

Q1：【期限】紹介入会　特典申込
Q2：【手続き】ネット会員　申込
Q3：【連絡先】カード　紛失
Q4：【URL】カード会員　ご贈答品リスト
Q5：【手続き】ネット会員　ログインパスワード　再発行
Q6：【URL】非会員　ご贈答品リスト
Q7：【URL】ネット会員　ログインサイト
Q8：【手続き】カード　申込
Q9：【URL】カード　規約
Q10：【期限】カード会員　ポイント　買い物
Q11：【URL】カード会員　ポイント　確認
Q12：【手続き】ネット会員　ETC申込
Q13：【URL】カード　ETC　利用実績

Q14：【手続き】カード　解約
Q15：【URL】ネット会員　買物　利用実績
Q16：【URL】ネット会員　ポイント　残高

上記のリストをソートすると以下のようになります。

Q1：【URL】　カード　ETC　利用実績
Q2：【URL】　カード　規約
Q3：【URL】　ネット会員　買物　利用実績
Q4：【URL】　カード会員　ご贈答品リスト
Q5：【URL】　カード会員　ポイント　確認
Q6：【URL】　ネット会員　ポイント　残高
Q7：【URL】　ネット会員　ログインサイト
Q8：【URL】　非会員　ご贈答品リスト
Q9：【期限】　カード会員　ポイント　買い物
Q10：【期限】　紹介入会　特典申込
Q11：【手続き】　カード　解約
Q12：【手続き】　カード　申込
Q13：【手続き】　ネット会員　ETC　申込
Q14：【手続き】　ネット会員　申込
Q15：【手続き】　ネット会員　ログインパスワード　再発行
Q16：【連絡先】　カード　紛失

ソート型カテゴリを使用した場合、上のようなQの一覧にするのが効果的です。一つ一つがルールに基づいて統一されて書かれているので、それぞれのFAQで期待できる回答かわかると思います。ソートすると上記のようにFAQがインデックス状に並び替えられて、ユーザーは探したい情報を示すリスト群を縦に流して見るだけで目的のものを見つけやすいです。

FAQのリストとしてはあまり一般的ではないため、ソート型カテゴリは社内ヘルプデスク向け、コールセンターのオペレーターさん向けなど、使用方法をトレーニングができるケースがよいかもしれません。

FAQ制作者とって利点もあります。ソート型カテゴリでFAQを準備する場合、FAQ制作者がQを書く際は、ルールに従ってほぼ枠に当てはめるだけで書けます。

見慣れないFAQなので冒険的に感じるかもしれませんが、ユーザーの自己解決率というKPIを高められ、FAQの準備やメンテナンスがやさしいということで採用できる方法です。

特別なカテゴリ

ユーザーの自己解決を極限まで高めるというFAQサイトの本来の目的に立ち返ると、これまでの慣例を打ち破ったカテゴリを準備するのも一考の価値があります。

緊急カテゴリ

コールセンターでは、ある一定時期だけ際立ってコール数が多いことがあります(**図6-9**)。このときのコール数を表す折れ線グラフの形から「スパイクコール」と呼ばれています。そしてスパイクコールは、問い合わせ内容がほぼ同じという特徴があります。まさにFAQです。スパイクコールで有名なのは、保険業界での年末調整(保険の控除証明書はがき)の取り扱いに関する問い合わせです。

そういった問い合わせ対応は、FAQサイトの最も目立つ箇所またはトップ画面に掲載してもよいと思います。もちろん掲載するFAQも限りなく高い質に推敲して、このFAQを読むユーザーは間違いなく理解して解決でき

図6-9　スパイクコールのイメージグラフ

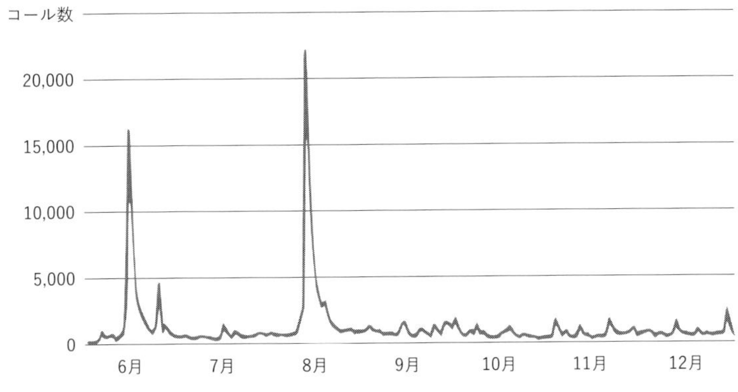

る内容にします。つまり一点集中的に特定の問い合わせに対して対応するFAQを準備して、コールセンターのスパイクを緩和することを期待します。もちろんスパイク期間は、常に効果の分析とFAQの更新もします。

80%のユーザーが自己解決できるカテゴリ

第2章で述べたFAQの運営分析や電話でのコールリーズン分析を緻《ち》密《みつ》に行っているコールセンターの場合、「お客さまのよくある問い合わせ」のトレンドが正確にわかります。

パレートの法則(2:8の法則)は、カスタマーサポートやコールセンターでのお問い合わせ内容にも当てはまります。実際のコールセンター現場では、お客さまからのコール数の80〜90%のお問い合わせ内容がFAQ全体の5〜10%だけにほぼ集中しています。

全ユーザーのうち80%が自己解決できるカテゴリとは、上記の5〜10%のFAQだけを厳選して集めたものです。たとえば500件のFAQがサイトにあれば、そのうち25〜50件です。これら少数精鋭のFAQだけを1つのカテゴリにして、FAQサイトのトップの目立つ場所に置きます。

このカテゴリのFAQを選んだユーザーは確実に自己解決できるように、徹底的にFAQの質を高くつき詰めます。全FAQではなく限られた5〜10%のFAQだけなので、最優先でマンパワーをつぎ込めるのではないでしょうか。そしてユーザー全体の80%の自己解決100%を目指します。

カテゴリ不要なFAQ

カテゴリの章の最後で述べるのも気が引けますが、FAQにとってベストはカテゴリが不要という状態です。

カテゴリはユーザーとFAQとの間にいくつものドアを設けるようなものです。ユーザーがドアを間違えればFAQを見つけられず、したがって自己解決できないというリスクがあります。そのリスクを減らすために、FAQ制作者側でも悩ましいカテゴライズやカテゴリのタイトルの検討が必要です。

もしFAQ数が少なければ、カテゴライズは不要です。実際に30個ぐらいのFAQで最高の質に保つことで、多くのユーザーが自己解決を実現できる例があります。究極のFAQかと思いますが、実際に「よくある質問」を突き詰めると意外と数十件もないかもしれません。

第7章

FAQの分析とメンテナンス

FAQの分析とメンテナンスは、高い質のFAQを準備することと同じぐらい重要なことです。本章では分析とメンテナンスについて、FAQサイト・コンテンツそれぞれの視点で説明します。

その前に、本章でよく使う「分析」と「メンテナンス」という言葉の定義をしておきます。

- 分析
  FAQサイトを訪れるユーザーが、FAQをどのように活用しているかを数値的に調べること。FAQサイトでのユーザーのクリック、文字入力内容、あるいは導線などといった収集データそのものの値、またはそれらを公式に代入して計算し、さまざまな解析・統計することを示す

- メンテナンス
  分析から得られた数値や統計を参考にしながら、FAQの質を高めていく作業。作業は、コンテンツ(QとA)の編集(改訂・推敲)、追加、削除などを行う。カテゴリ構成の編集や同義語の編集も作業の一つ

正確で効果的な分析とメンテナンスのためには、質の高いFAQが必要です。

Q： 申し込みはどうすればよいのですか。

上のFAQは知りたいと思うユーザーが多いため、クリック数もたくさん集めるでしょう。しかし、個々のユーザーの状況や条件はさまざまなはずです。このFAQのクリック数がいくら多くても、「申し込み」に関する詳細な部分はあまりわかりません。この点については、非常に重要なので後述します。

7.1 分析とメンテナンスの基本

FAQの準備とサイトへの掲載までは、スポーツにたとえると基礎体力作りやシミュレーションに基づいた練習です。そして、FAQがサイトに掲載されユーザーに利用されはじめるのが公式試合です。そこで初めてFAQのレベルがわかります。なぜわかるかというと、ユーザーからのフィードバックが集まるからです。

スポーツでの試合を振り返ってさらに練習するように、ユーザーからのフィードバックを分析しメンテナンスすることを継続してFAQをどんどん強く質を高くしていきます。

FAQを陳腐化させない

いかなるコンテンツでも制作した瞬間から陳腐化が始まります。

情報がテキスト化されたら、だれかが書き換えない限り永久に固定されます。一方で世の中の状況や人の知識は刻一刻と変わっていきます。するとテキスト化されたものと世の中とのずれが生じて、以前に書かれたことがらが役に立たなくなります。これを陳腐化と言います。たとえば新しいスマホに機種変する場合、半年前のパンフレットはあまり役に立たないと思います。

FAQも、サイトに公開したときから陳腐化は始まってしまいます。商品やサービスを利用するユーザーの知識や経験は時間とともに変化する一方で、掲載されているままではFAQは変化しようがないからです。時間とともにさらに陳腐化が進むと考えれば、FAQをメンテナンスせずに放置しておくこと自体が質を下げます。

完璧なFAQを目指さない

完璧なFAQを書き上げるのは難しいです。その理由は、FAQが文だからです。どんなに質の高い文を書いても、最終的にはユーザーの読解力に頼ることになります。100人のうち100人全員が読解でき困りごとや知らないことを解決できる文を書くのは不可能かもしれません。

FAQの分析とメンテナンスは果てしないのですが、けっして完璧である必要はないと思います。肩の力を抜いてガイドラインで決めたルールどおりに行います。

分析とメンテナンスの目安となるKPIは、現実的で適正な「維持値」「目標値」にします。それらがあまりにも高いとFAQの運営そのものに疲れてしまいます。

維持値はできるだけキープし、そして分析とメンテナンスをしながら徐々に目標値に近付けます。維持値や目標値自体の修正はしてもよいと思います。できれば上方修正が良いですが。

FAQでユーザーの声を集める

多くの企業のカスタマーサポートの現場では、「お客さまの声を大切にする」というスローガンがあると思います。お客さまの声は文字どおりVOC(*Voice Of Customer*)と呼ばれています。VOCを大切にするということは、VOCをきちんとFAQに反映させることでもあります。

VOCは、コールセンターの電話対応履歴やメール問い合わせからだけではなく、FAQサイトからも集めることができます。と言ってもなにもかもすべてではなく、分析を通じてまずはランキング上位のVOCから抽出していきます。

質の高い分析の大前提は、質の高いFAQ

質の低いFAQの分析値は信頼に値しません。その一例として、本章の初めに以下のFAQを示しました。

Before

Q: 申し込みはどうすればよいのですか。

この書き方では、多くのクリック数の割にあまり意味のある情報は収集できません。

このQの「申し込み」という手掛かりで、ユーザーは次のようなことが解決できるという自由な(ある意味勝手な)期待を抱きます。

- 申し込み書類が欲しい
- 申し込み書類の書き方がわからない
- 申し込みをネットでしたい
- 申し込みの条件を知りたい
- 家族が申し込みたい
- 学生だが申し込みたい
- 締め切り後の申し込みは可能か

こういったユーザーのさまざまな期待を背負いこんでクリック数を増やします。そしてよく見られているFAQにランキングされます。だからと言って、このFAQを本当に「役に立つFAQ」として掲載してよいでしょうか。

このFAQで上記のような期待に漏れなく応えようとすれば、Aは膨大な情報量となってしまいます。膨大な情報量を前にしたユーザーは最後まで読むでしょうか。またAの内容が、上に列挙したユーザーからの期待を裏切るものなら、クリック数は多いが問題解決率は少ないFAQになります。

要するに、こういったFAQが掲載されているサイトの「よく見られている質問」というランキングは信頼できない可能性があります。

では、FAQを次のようなQの文に書きなおしてみます。

After

Q1：会員申し込み書類の入手方法を教えて。
Q2：会員申し込み書類の会社欄の書き方の見本を教えて。
Q3：会員申し込みができるインターネットサイトを教えて。（スマホ）
Q4：会員申し込みできる収入条件を教えて。
Q5：会員申し込みを会員の家族がする場合の準備する手続書類を教えて。
Q6：会員申し込みの年齢制限を教えて。（大学生）
Q7：会員申し込みの締め切り後の受付窓口を教えて。

このようにすると、ユーザーが抱えている具体的な状況や条件が、クリックするQの文によって鮮明になってきます。「申し込みはどうすればよいのですか。」という文から「申し込みをネットでしたい」と解釈されるようなら、「申し込みができるインターネットサイトを教えて。（スマホ）」と書いておくほうが、クリックしたユーザーの状況や知りたいことが明らかになります。このようなFAQの文にしておくことで具体的なVOCも見えてくるのです。

質が高いゆえに数が増えたFAQの課題

上の例でもそうですが、FAQを具体的に、そしてユーザーの状況ごとに準備するとFAQ自体の数は増えてしまいます。FAQの数が増えると、ユーザーがFAQを探すときの負担になりかねません。

一方で、上のように具体的になったFAQをすべてサイトに掲載すると、クリックされることでユーザーの困りごとや知らないこと、期待される解決内容を示す数値が見えてきます。ただしそれらはすべてのFAQにまんべんなく同じような数値にはならないでしょう。運営していく中で一部のFAQ

だけクリック数が突出して多い傾向がわかってきます。

そこでクリック数が少ないFAQは、ユーザーの困りごとも少ないとして、いったんサイトから削除する判断もできます。FAQの質が高いと、クリック数(分析値)に信頼がおけます。信頼できる分析値だからこそ、どのFAQをサイトに残してどれを削除するかという判断にも自信が持てます。

メンテナンスしやすさのためのスモールスタート

新しいFAQサイト運営を始めるときのお勧めは、質の高いFAQでのスモールスタートです。FAQの数を必要最小限にしてサイト運営を始めます。

たとえば、FAQを1,000件も抱えてFAQサイト運営を始めたら、公開の初日から分析とメンテナンスの対象は1,000件のFAQです。そうなると、対応体制やマネジメント含めたいへんな作業になるでしょう。最悪の場合メンテナンスに手が付けられずFAQが放置されてしまうこともあります。

たとえば100件位(もっと少なくてもよい)の精鋭のFAQだけでサイトの運営を始めるのが、効率的にユーザー自己解決率を高める方法です。FAQ数が少ないとFAQ制作者の目もよく行きとどき、分析とメンテナンスを丁寧にできます。追加が必要なFAQも正確に見極めやすくなります。

FAQのテーマをステップバイステップで増やす

それでも上の例のように1つのテーマだけで複数のFAQが想定される場合は、FAQサイトのテーマを絞ってスタートする方法がお勧めです。たとえば、「申し込み」関連のFAQでまずスタートします。「申し込み」のFAQに関してユーザー利用傾向が分析でき、FAQの整理ができれば次に「解約」関連を追加して、同じルーティンを繰り返します。

このようにステップバイステップでFAQのカバー範囲を広げていくのは合理的です。まずはユーザーの関心の高い一つのテーマから質の高いFAQで始めるスモールスタートが、ユーザーに安心と信頼を与えます。

FAQサイトは、たくさん情報をお披露目することが目的ではありません。ユーザーの自己解決率を上げることが目的です。多くのユーザーに必要とされているFAQがなにかを正確に見極めていくことが、スモールスタートで最初に着手する分析とメンテナンスです。

分析とメンテナンスを継続する

FAQの分析とメンテナンスをしないとFAQの質は次第に下がり、その結果ユーザーは使わなくなります。すると利用データは集められず分析とメンテナンスの手掛かりができない負の連鎖になります。

分析とメンテナンスは、とにかく継続が大切です。FAQサイト運用当初に決めたルールに従い、極端に言うと毎日行うぐらい習慣化したほうがよいです。

FAQサイトはユーザーが能動的に訪れるという意味では、コールセンターと立ち位置は同じです。今日のお客さまの声を明日には反映させるくらいのスピード感と新鮮さでFAQの分析とメンテナンスをするのが好ましいです。

もしカスタマーサポート部門でFAQのようなコンテンツの分析とメンテナンスの継続ができていないとすれば、確立したルールがないのが理由かもしれません。あるいは従事者がおのおのの自己流で感覚的という質の低いメンテナンスになっているのかもしれません。まずはガイドライン(第5章)でしっかりしたメンテナンスルールを確立して、だれでもシステマティックにできるようにします。

7.2 分析値の種類と活用法

分析とメンテナンスのために重要な、分析の用語や分析値について述べます。

KPI

FAQサイトはWebサイトという特性のおかげでユーザーによる足跡(利用データ)がたくさん残るので、分析しKPIを出しやすいです。KPIはメンテナンス時の作業の見極めや方向性を決め、またサービスの良し悪しの判断指標となります。

PV(FAQサイトの訪問者数)と直帰率

KPIを計算するうえで必要な数値の一つは、Webページの訪問者数であるPV(*Page View*)です。いくつかの重要なKPIはPVを「母数」(基数)として計算されます。

企業Webサイトのトップページに比べてFAQサイトのPV数が極端に少ない場合、まずはFAQサイトへのユーザー誘導の改善が先決です。FAQサイトやFAQの質をいくら高くしても、ユーザーがFAQサイトにアクセスしないとユーザーの自己解決率向上の取り組みは無意味になります。FAQサイトPV数が少ない場合は、企業内のWeb担当部署と協議しておきます。

またユーザーがFAQサイトに訪問したもののFAQをまったく見ずに立ち去ってしまうことを「直帰」と言い、その率を直帰率と言います。直帰率もKPIの一つで、当然0に近いほど良いです。直帰率を小さくするためには、ユーザーがFAQを検索したりQをクリックしたりするモチベーションが高くなるサイトデザインにする必要があります。

ちなみにPVも直帰率も、FAQサイトに特別なしくみを作ることなくGoogle Analyticsをサイトに設定しておくだけで取得できます。Google Analyticsについてはよく知られているので本書では解説を省きます。

回答到達率と問題解決率

回答到達率と問題解決率については、第2章をはじめこれまでも何度も解説している重要なKPIです。詳細な説明はそちらも振り返ってください。

回答到達率の計算式は以下のような形でした。

回答到達率＝実際にFAQをクリックして開いた数÷FAQサイトの全PV

「実際にFAQをクリックして開いた数」のカウントは、標準的にはユニークユーザーごとにカウントします。つまり一人のユーザーが1回のサイト訪問で複数のFAQをクリックしたり、あるいは同じFAQを何度かクリックしたりしてもFAQクリック数は1とします。

ただしFAQサイトやFAQシステムによっては、1ユニークユーザーによる複数のFAQクリックをすべてカウントしているものもあるので、FAQサイト構築の際には、ベンダーに回答到達率の算出方法を念のため確認することをお勧めします。

FAQサイトの実態調査やコールセンター業界で認識されている回答到達

率は30%前後[注1]と言われています。

もう一つの重要なKPIは問題解決率です。計算式は以下のようなものでした。

問題解決率＝ユーザーが問題を解決できた総数÷実際にFAQを開いた総数

ユーザーが困りごとやわからないことを解決できたかどうかはユーザー自身の見解なので、システム側では判断が付きません。そこで多くのFAQサイトでは、FAQのAの文の最後に**図7-1**のようなアンケートを設けてユーザーに「自己申告」してもらっています。

Aの文を読んだユーザーにこのアンケートに答えてもらい、「役に立った」とクリックされた数を問題解決率の計算に使います。

ところが、ユーザーの多くはAを読んでもこのアンケートボタンを無視してしまうという課題があります。ユーザーはAを読んだことで目的は果たしたので、解決してもしなくてもすぐにサイトを離れてしまうようです。

企業側からすると、せっかくFAQの質を高めても、質の目安となるKPIが取れないのは残念です。FAQサイトでユーザーがアンケートボタンを無視しないようにする対策や、アンケートの見せ方などデザイン上の工夫も必要です。

上記のような課題もあるのですが、アンケートを無視せずに「役に立った」「役に立たなかった」のボタンをクリックしてくれるユーザーはいるので、次の計算式もKPIとして役に立ちます。

問題解決率の目安＝役に立ったのクリック数÷アンケートボタンクリック総数

コールセンターでの分析値

上記以外でユーザーの自己解決率を測る手法を紹介します。

FAQサイトでのデータ収集だけではなく、コールセンターにも情報収集

注1　標準的な方法で1ユニークユーザーのPV当たりのクリック数上限を1とした場合

図7-1　FAQは役に立ったかのアンケート

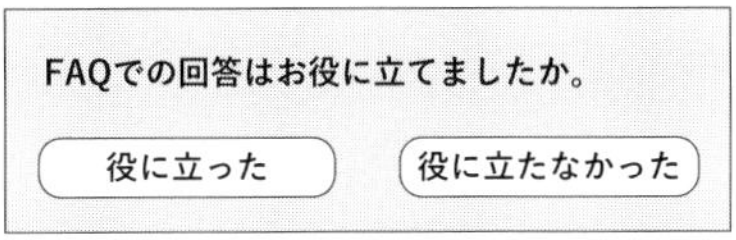

に協力してもらいます。特定のカテゴリまたは特定のFAQ群について、コールセンターへのお問い合わせコール数の日ごとの統計を取り、その遷移を観察します。

たとえばFAQの更改前後での変化や、昨年の同時期との比較を行います。まったく同じFAQに対するお問い合わせコール数が明らかに減ったということであれば、更改の効果でFAQでの自己解決率が高くなったことを表していると言えます。

ランキング

FAQシステムを導入しているFAQサイトの場合は、自動でリアルタイムにユーザーのFAQ利用動向の分析を見ることができます。その一つはランキングです。

ランキングは良いランキング・悪いランキングがあります。どちらのランキングも分析上でユーザーのFAQ利用動向を明示するので、メンテナンスの良い参考になります。

もちろん、くどいようですが、FAQの質が高いほど信頼の高いランキングとなります。

FAQのアクセスランキング

アクセスランキングは、文字どおりFAQごとのクリック数のランキングです。ランキングが高いほど、多くのユーザーに見られているFAQです。FAQの中のFAQと言えます。

アクセスランキングが高いFAQは、ユーザーの自己解決率を伸ばす可能性が高いため、メンテナンス対象としても分析値の観察を怠らないようにします。

逆にアクセスランキングが低いFAQにも着目します。FAQサイトに掲載しているにもかかわらず長期間ランキングが低迷しているFAQは、いったんFAQサイトから削除してもかまわないと思います。

そしてコールセンターからの意見も取り入れながらFAQの表現を変えてみるか、実際に問い合わせが少ないFAQとしてコールセンターに対応を任せるかを検討します。

回答未解決ランキング

アンケートにユーザーが「役に立たなかった」と答えてくれているFAQには、真摯に向き合い最優先で改善します。ユーザーがアンケートボタンをクリックしてくれたうえでの数字です。「役に立たなかった」という数が多い場合、そのFAQのQとA両方になんらかの問題がある可能性が高いです。

読まれているFAQは上記のアクセスランキングでわかりますが、FAQアクセスランキングが上位にもかかわらず回答未解決ランキング上位だったり、アンケートボタンを無視されている割合が多かったりする場合も、同様にFAQに問題がある可能性があります。

検索キーワードランキングとゼロ件ヒット

検索キーワードランキングは、FAQサイトの「キーワード検索」から得られる、ユーザーが入力したキーワードの入力数ランキングです。

検索のキーワードごとの入力数からは、ユーザーのリテラシー（言語知識）が分析できます。ランキングの高いキーワードほど多くのユーザーと親和性が高く、よってFAQの文に利用可能（するべき）と判断できます。

ユーザーが検索したキーワードではFAQが見つからない場合があります。FAQシステムによっては、それをゼロ件ヒットとしてカウントします。

ゼロ件ヒット数が多いキーワードは、多くのユーザーが検索に使っているにもかかわらずFAQが答えられていないことになります。FAQをメンテナンスしてそのキーワードでFAQが見つかるようにしなければなりません。あるいはゼロ件ヒットになったキーワードは同義語の登録でFAQが見つかるようになるかもしれません。その場合は同義語辞書を見なおします。

同義語については後段でも述べますし、FAQシステムとの関係については第8章で述べます。

キーワードランキングを重視して、ユーザーのリテラシーに寄り添えるFAQにしていきます。キーワード検索でFAQが見つかる率が高くなれば、ユーザーはよりキーワード検索を使ってくれるようになり、さらにユーザーのリテラシーデータがたくさん取れるようになります。

カテゴリランキング

カテゴリランキングは、ユーザーがFAQを絞り込むカテゴリごとのクリック数のランキングです。

ランキングが高いカテゴリに属しているFAQにもかかわらず、あまりクリックされていない場合、カテゴライズ自体がユーザー視点とずれている可能性があります。カテゴリに期待とは関係のないFAQが入っているからクリックされないのです。

ランキングが低いカテゴリの場合、その配下のFAQはユーザーに見つかりにくいことになります。もしそのFAQがキーワード検索で見つかるなどでクリックランキングが高いものだったら、カテゴリのタイトルに問題があるかもしれません。

特に階層型のカテゴリの場合は、上位のカテゴリがその下位のカテゴリやFAQへの導線になるので注意が必要です。

売り上げにつながりそうな問い合わせランキング

質の高いFAQと分析・メンテナンスは、実はマーケティング分析にもとても役立ちます。たとえば、次のようなFAQがあるとします。

Q：ハッピーTシャツの青色の販売予定時期を教えてください。
A：ハッピーTシャツの青色の販売予定時期は今のところ未定です。ご愛顧にお応えするため入荷調整をしております。

実は、この企業は青色のハッピーTシャツの販売の時期はまだ決めていません。ただしサイトでこのFAQのクリック数が多いようであればハッピーTシャツの青色が欲しいユーザーが一定程度いると言え、企業は販売開始時期を早めに決定する必要があるとわかります。

ユーザーは、別の問題を解決するためにFAQサイト訪れて、このようなFAQをついでにクリックすることもありますので、FAQサイトを使った分析は有効です。

また、キーワード検索でユーザーが自由に入力したり、チャットボットにユーザーが気兼ねなく入力したりした自由な文を解析することで、ユーザーの希望や好みが見えてきます。特にチャットボットをユーザーの嗜好《しこう》分析に使う発想を持てば、意外に興味あるVOCが残ります。

もっともFAQ全体がユーザーに信頼されていないと、ユーザーは企業にとって役に立つVOCを残さないのも事実です。ユーザーが期待するようなFAQだから、ユーザーも求めるものを見つけられると期待してVOCを残してくれます。

やはり質の高いFAQ、そして分析とメンテナンスは欠かせません。

カテゴリのタイトルも質は大切です。いくらカテゴリ自体のランキングが高くても、タイトルの質が低いとランキングはFAQ制作者にとって信頼に値しません。正確な分析をするためにも、質の高いタイトルにします。これはFAQの場合とまったく同じ理屈です。

7.3 メンテナンスを継続しながらFAQを育てる

分析とメンテナンスを行うのは、FAQの質を高めるためです。そして分析とメンテナンスの継続が、ユーザーの自己解決率を高める基本的かつ絶対的なFAQサイト運営です。上を目指すアスリートが継続的にトレーニングをすることと同じです。

次の3つは、メンテナンスの基本的な作業です。それぞれ簡単な例を使って説明します。

FAQを追加する

FAQは、本来ユーザーからの問い合わせが多いQ&Aです。基本的には実際に問い合わせが多いものだけを掲載し、分析を通じて、必要な分だけ追加します。

追加するべきFAQはどのように決めるのでしょうか。

ユーザーが選んだり直接入力したりしたキーワードのランキングがとても参考になります。ランキングの高いキーワードをコールセンターでのコールリーズン分析と重ね合わせます。特にランキングの高いキーワードを多く含むコールリーズンにもかかわらずまだサイトに掲載されていないものならば、FAQにしてサイトに追加します。

追加FAQの掲載後は、FAQアクセスランキング分析のルーティンに組み入れます。追加したFAQのランキングが上がっているようなら、間違いのない追加作業だったということです。

FAQを更新（推敲）する

すでにサイトに掲載されているFAQをさらに良いものに書きなおします。書きなおしをどのような判断で行うかは、FAQで使われている言葉に着目します。

たとえば、次の2つの同程度に質の高いFAQがあります。

Q1：会員登録しているメールアドレス変更の手続きを教えて。
Q2：会員登録時からのメアドを変える方法を知りたい。

書き方は異なりますが、この文が意図するところはほぼ同じです。どちらをFAQサイトに掲載するかを分析で見極めて判断します。FAQを探す際に多くのユーザーが、まずどんな言葉を使うのかをキーワード検索の分析で調べます。

たとえばキーワード検索されている言葉について**表7-1**のようになっている場合、ランキングが高いほうの言葉を文に使うと、そのFAQはより多くのユーザーに認知されるようになります。上記の2つのFAQでは、Q2のほうがより多くのユーザーには見つけやすいということになります。

無論1つのFAQだけに適用するのではなく、同じ意味の言葉を使っているすべてのFAQすべてに適用する必要があります。

文は言葉を変えればいくつでも書けます。文に使う言葉はユーザーの利用度の分析でランキングが高いものを使えば少しでもユーザーの親和性が高くなります。

またFAQで使われなかったほうの言葉も同義語として登録し、その言葉をキーワード検索するユーザーでも同じFAQ見つけられるようにしておきます。

標準単語を整理する

掲載するFAQは、「標準単語」（多くのユーザーがよく使う言葉）を使って書きます。標準単語はFAQサイトを提供する企業側が決めるのではなく、

表7-1　キーワード検索されている言葉の例

ランキング高	ランキング低
メアド	メールアドレス
変える	変更
方法	手続き

サイトを訪れるユーザーに決めてもらいます。

上記したようにユーザーが実際にどんな言葉でキーワード検索したのかを分析して、同じ意味でもよりランキングが高い言葉を標準単語として採用していきます。このように採用した標準単語を使ってFAQを書いておくと、より多くのユーザーがFAQを見つけやすくなります。FAQ全体としても標準単語で統一された一覧になります。

ユーザーはコールセンターやメールでの問い合わせ、FAQサイトの自由文検索などさまざまなところでVOCを残します。そこで使われている言葉一つ一つが、FAQを書くうえで貴重な参考資料です。これらから、ユーザーにとってより親しみやすい標準単語をまとめていきます。

新しい言葉を取り入れる

FAQを書くときの標準単語の中には、造語や略語、俗称など一般的には「標準」とは言えない言葉を取り入れるほうがよい場合があります。取り入れるかどうかの判断は、やはりユーザーがそのような言葉を頻繁に使っているかどうかの分析が頼りです。

たとえばコールセンターやメール問い合わせやFAQでのキーワード検索で「写メ」という言葉が「写真付きメール」よりも圧倒的によく使われているのなら、標準単語としてFAQの文に使用してもよいと思います。それが多くのユーザーにとって親しみのある言葉だからです。多くのユーザーに親しみがあるということは、FAQを読むときも理解しやすくなるからです。

標準単語にするべき基準はルールを決めてガイドラインに記載します。

ユーザーのリテラシーを標準単語にするときの注意

一方、多くのユーザーが使っている言葉でも、標準単語としてはふさわしくない場合もあります。たとえばユーザーが誤解する可能性がある言葉です。

Q1：ネットを見ることができません。理由を教えてください。
Q2：オンラインで会議ができません。原因を教えてください。
Q3：携帯からスマホへ機種変する際の必要書類を教えてください。

上記で使われている「ネット」や「オンライン会議」はユーザーも非常によく使う言葉かもしれません。「ネット」はインターネットの意味、「オンラインで会議」はWeb会議システムを表す風潮があります。

しかしネットという言葉はインターネットだけではなくイントラネットや特定のサービスを受けるためのシステムと解釈する人もいます。

また「オンラインで会議」も多くの人が当たり前のように使う表現ですが正確な表現とは言えません。インターネットを使わず電話だけの会議でもオンライン会議と言えるからです。

「携帯電話」を単に「携帯」という表現でFAQの標準単語とするのも感心しません。「携帯」には日本語としてのれっきとした意味があるからです。「ケータイ」や「ガラケー」といったような記載ならよいかもしれませんが。

上記は、多くの人が一意に使う「スマホ」や「メアド」とは違い、別の解釈があったり正確な日本語の使われ方ではなかったりしますので、標準単語にはふさわしくないと思います。

ただし言葉自体は時とともに変わり、あるいは標準的に一般化することもあります。言葉の変遷には常に留意をしておきます。

「FAQ」という言葉も本来はQuestion(質問)のことだけを指しますが、本書も含め世間ではユーザーからのQ(質問)とそのA(回答)というセットでFAQとして認識されています。

同義語辞書のメンテナンスもまめにする

標準単語および同義語については「スマホ」「スマートフォン」といった名詞を例に述べましたが、「変える」「申し込む」「大きい」「早い」といった名詞以外の言葉でも標準単語の制定と同義語の準備をしておくと、より高度なFAQサイトになります。

FAQは、基本的に文(テキスト)で構成されています。ユーザーがキーワード検索することを考慮すると、広く深い準備があるほどユーザーへの親和性と検索性は向上します。

メンテナンスのためにも、同義語辞書というものを編纂《へんさん》します。同義語辞書は、たとえば**表7-2**のような簡単なものでかまいません。まずはExcelのような表計算ソフトで作ってみます。

この表を参考に、標準単語とその同義語の対比表を作ってみてください。

同義語のほうは、標準単語と意味は同じ(企業によって判断は違う)だがユーザーがキーワード検索に使用する可能性がある異なる言葉を登録します。

注意すべき点は、同義語側にある言葉が別の行で標準単語やほかの言葉の同義語になっていないようにすることです。そして同義語辞書もFAQ運営を通じて管理し、セットで分析とメンテナンスを継続します。

FAQを削除する

多くの企業では、サイトにFAQをいったん掲載したらそれに関連するサービスがある限りは残したままにしておく傾向があります。しかしそれを続けていると、言い方は悪いですが部屋にガラクタがたまったような状態になります。たくさんのガラクタがあるため本来欲しいものを見つけるのを邪魔したり、ユーザーを迷わせたりします。

ユーザーのアクセスが少ないFAQはできるだけFAQサイトから削除することをお勧めします。これも需要なメンテナンス作業です。

FAQを削除する際の目安は、FAQアクセスランキングやFAQごとのユーザーのアクセス数です。たとえば「アクセス数が月に1回以下のFAQはサイトから削除」といったルールをガイドラインに定めておきます。

質の高いFAQが前提ですが、正確に分析すると、総アクセス数の1%に満たないFAQがとても多いこと（ロングテール）がわかります。

FAQを削除することに関連して、メンテナンスを通じてFAQサイト全体でFAQの数を絞るメリットを述べておきます。

ユーザーの時間を節約できる

FAQサイトでは、ユーザーに最適なFAQをすばやく見つけてもらうことが重要です。一方もし最適なFAQがないならば、それも早めにユーザーに気付かせることも必要です。いずれにしてもユーザーの時間をできるだけ

表7-2　同義語辞書の例

標準単語	同義語
スマホ	すまほ／スマートフォン／ smartphone ／スマートホン
ガラケ	ガラケー／携帯電話／フューチャーフォン／フィーチャーホン
申込	申込む／申し込む／もうしこみ／申しこむ／もうしこむ
退会	解約／たいかい／かいやく／契約解除／けいやくかいじょ
忘れた	忘れる／わすれた／忘れました／忘却
パスワード	ぱすわーど／ PW ／ＰＷ／ pw
可能	できる／出来る／かのう

削らないようにしたいのです。

サイトにFAQが少ないほど、ユーザーは短時間でFAQを見つけられます。またFAQが少ないほど、探しているFAQがないことをすばやく判断できます。解決や離脱の判断がすばやくできれば、ユーザーは次の行動にすぐに移れます。FAQがなくてもさっさとコールセンターへの問い合わせに切り替えることができます。

FAQ制作者の時間を節約できる

FAQが多くなると、FAQ制作者の作業負担が加速度的(正比例ではありません)増えます。

たとえばFAQが30個の場合と300個の場合を比較した場合、FAQ制作者の作業負担は単純に10倍ではありません。

FAQが30個ならば、FAQ制作者に必要なのは、品質の高いFAQを書くことだけです。

FAQが300個ならば、10倍のFAQを書く作業以外にもカテゴライズは必要になります。検索ヒット率向上のための大量の同義語辞書の準備が必要となります。むろんFAQシステム導入と準備設定は必須となります。そして300個のFAQの分析とメンテナンスも、30個に比べて膨大な作業です。

運営コストを落とし利益に貢献できる

パレートの法則やロングテール、スパイクといった用語をここまで紹介してきました。

筆者が見てきたFAQアクセス数のロングテール部分は実に全体の85〜90%です。たとえば1,000件のFAQがあるサイトの場合、850〜900件のFAQはユーザーからのアクセスがほとんどないのが実態です。

この分析は、ロングテール以外の10〜15%のFAQだけでほとんどのユーザーが自己解決できる可能性があることを示しています。もしロングテール部分をFAQサイトから削除すると85〜90%、850〜900件のFAQ分の分析とメンテナンスが不要になります。

10〜15%のFAQ(100〜150件)のFAQでほとんどのユーザーが自己解決できるように集中的に質を高めれば、FAQサイトのコストパフォーマンスは非常に高くなります。

7.4 質の高いFAQはメンテナンスもしやすい

多くの企業で、FAQサイトの分析やメンテナンスをあまりしていないとよく見聞きします。その原因は、もともと準備しているFAQの質が低いからかもしれません。FAQの質が低いと痩せた土地を耕すようなもので、分析やメンテナンスに手間がかかる割にはすぐに効果が見えてきません。分析やメンテナンスに期待を持てずに苦痛になり、ついには放置されることもあります。

最初に質の高いFAQを準備しておくと、FAQの分析値が正確で合理的です。確立された文の書き方をしているのでメンテナンスも楽で効果もはっきり出てきます。質の高いFAQそのものが、効率的で効果も見えやすい質の高い分析とメンテナンスにつながります。

定型文は書くのも推敲もしやすい

文は型にはめると書くのが楽で、ユーザーも探しやすく理解しやすくなることはすでに述べました。

書くのが楽ということは、推敲(メンテナンス)も楽にできるということです。文が型にはまっているので、一つ一つの言葉をまるで部品を取り替えるように書きなおせます。

質の低いFAQの場合は、メンテナンス、推敲のたびに個々の文に合わせて初めから書きなおすことになります。質の高いFAQの場合は、同じ型にはまっているほかのFAQを模倣することもできます。

なによりも型にはまったFAQの文は、FAQ制作者自身にも読みやすく推敲するべき箇所も検討しやすいです。

6W1Hの文は、書くのも推敲も楽になる

6W1Hの文にしておく効果は定型文と似ています。FAQを書きなおす際

に模倣できるFAQが見当たらない場合でも、6W1Hの文体でいったんFAQを書けば、自然に定型の文にできます。それに定型文と同様、FAQ制作者も読みやすく理解しやすく、推敲時に文章のポイントや編集するべき箇所がよくわかります。

型にはまっている、あるいは6W1HになっているFAQの集まりの場合、ガイドラインでポイントをルール化しておけば、プロのライターとして特別に訓練されていない人でもやさしく編集ができます。

用語を統一するとメンテナンスが早い

メンテナンスはFAQ一つ一つの個別対応をする要素をできるだけ減らし、機械的にするとよいです。たとえばFAQで使う言葉については同じ意味の言葉は一字一句すべて統一しておくという基本はすでに述べましたが、そのことは機械的なメンテナンスでも役に立ちます。

FAQの分析とメンテナンスでよくある作業は、全FAQで一斉に言葉を改訂していくなどです。たとえば「メンバーの解約」よりも「メンバーの退会」のほうがユーザーに親和性が高いと分析された場合は、その言葉をFAQ全体で反映させなければいけません。FAQ全体で言葉を統一していれば、言葉の改訂をFAQ全体で一括処理できます。WordやExcelといったソフトウェアにある「置換」機能を活用するのです。

FAQ全体で言葉が統一的に使われていることで、このようにメンテナンスに手がかからなくなるのです。

7.5 メンテナンスの次のステップ

分析とメンテナンスは必ず継続します。もちろんメンテナンスの成果また分析したKPIの変化はしっかり観察し、さらにメンテナンスに取り入れていきます。

分析値を比較する方法

分析値はメンテナンスする前後で比較しますが、メンテナンス直後から変化が現れるまで何週間もかかる場合もあります。

分析値はともすると1日単位と言う「ミクロ」な見方で比較されがちなのですが、ある一定期間の平均値という「マクロ」な見方で傾向を重視します。

分析値は常に同じ条件の下で測られるとは限りません。たとえば新しいサービスや、新入学・新入社、年末年始、休暇シーズン、事業年度末といった「季節変動」に影響を受けます。したがって分析やメンテナンス前後での数値の比較は、長期的な視点で行うほうがよいでしょう。

また、たとえばカテゴリ構成の変更と、FAQの大幅な削除を同時に行うなど複数の異なるテーマのメンテナンスをした場合、その成果の現れ方は複雑になりどのメンテナンスが成果に影響があったがわからなくなります。よってメンテナンスは一度に一つのテーマだけ行い、そのあとの平均的な変化を見るなどしてメンテナンスとの成果の関連性をしっかりと観察するのが、ほかのテーマでメンテナンスをするときも参考になります。

利益を比較する方法

釈迦に説法ですが、経営者・管理者層の方々はFAQサイト改善前にはカスタマーサポートに関わるコストはきちんと算出しておきます。そして、FAQの質を高める取り組みや、FAQの分析とメンテナンスの取り組み後も同じ計算方式でカスタマーサポートコストを算出し常に比較します。

質の高いFAQ、そしてFAQの分析とメンテナンスによるユーザー自己解決率の向上は、FAQサイトの存在意義が上がったことの証明です。FAQの存在意義が上がることは、カスタマーサポート(コールセンター)のコスト低減という実際的な結果に結び付きます。

こちらも、コストを短期的な視点だけではなく長期的な視点でも比較するべきです。経営や管理としてなにかの取り組みや改善をする際には、企業の実際的な利益にどのような成果をもたらしたかをしっかりと見極めます。

7.6 分析とメンテナンスの効率化

ここまで述べてきた分析とメンテナンスですが、できるなら効率的に行いたいものです。ここからはその方法を解説します。

分析はシステムにやらせる

実は、人が分析に時間をかける必要はほぼありません。分析はシステム(コンピュータ)に任せられるからです。

分析自体を細かく言うと、次のしくみの組み合わせです。

- データを集めるしくみ
- 集めたデータから必要な情報を取り出すしくみ
- 必要なデータから特定の計算式で計算するしくみ
- 計算結果どうしで比較したり、時系列などで統計を取ったりするしくみ
- それらを表示するしくみ

コンピュータは分析する対象のデータと分析方法(アルゴリズムや計算式)などを与えられれば、忠実に瞬時にしかも休みなく分析値を提示します。分析対象となるデータ(ログ)にはタイムスタンプ(年月日時分秒)が付いているので、これを利用すれば分析値の時間ごとの変化も見ることができます。

FAQサイトにFAQシステムを導入している場合は、全自動で行う分析機能が備わっていることがほとんどです。

なお、FAQ制作者に提供される分析内容はFAQシステムによって異なります。詳しくは第8章で述べます。

判断は人が行う

上記のように分析はFAQシステム(コンピュータ)がほぼ自動で行います。ただしシステムは分析値や統計値を出すところまではできますが、分析に対してどういった判断を下してどのようなメンテナンスを行うかは人が考

えるべき仕事です。

最近では分析だけではなく判断やメンテナンスまでシステムにしてもらいたいという方向性があります。たとえば、FAQをアクセスランキングの多い順に自動で並び替えるといった処理は多くのFAQシステムができます。システムでの自動的な判断とメンテナンスと言えます。

しかし、FAQシステムは人間から与えられたルールどおりに判断とメンテナンスをしているのであり、システム自身が自分でルールを創造できるわけではありません。分析の計算方法や分析からの判断は、人間が考えてコンピュータに教えるか、人が手を動かす必要があります[注2]。

メンテナンスはシステムに手伝わせて人が行う

FAQのメンテナンス、特に書きなおしや追加は人が行います。今のところシステム(AI？)にそれは無理です。なぜならば本書で述べたような質を追求していかなければならないからです。

ただし人の書く作業を少しでも楽にするために、システムに手伝わせることはできます。上記したように、質の高いFAQはメンテナンスがしやすく、それはシステムにとっても同様です。たとえば、FAQ全体の言葉遣いの変更などは、ExcelやWordの置換機能で一気にできます。またExcelでより高度な関数やマクロを使えば、画一的な書き換えならシステムが行えるのです。

システムに手伝わせて効率良くFAQの推敲ができるようにするためには、FAQの文自体の質が高いことが絶対条件です。

注2　しかし「FAQをクリックするユーザー数がさらに増える」という指標をシステムに与えればシステムがその指標をかなえるためのルールや計算方法を創造して実行することは将来できるかもしれません。

第8章

FAQ制作者が知っておくべきFAQシステムのしくみ

本章では、FAQ制作者が知っておくべきFAQシステムの基本的な機能の紹介と応用方法を述べます。

FAQシステムを知っておくことで、ここまで述べてきたFAQの書き方をしなければいけない理由もよりわかります。また導入したFAQシステムをより活かす方法がわかります。「システム」という言葉は非常に広い意味で使われますが、本章ではコンテンツを探したり閲覧したり管理したりするもの。つまりコンテンツを活かすしくみととらえてください。

たとえば私たちはインターネットでなにかの情報や解決方法を見つけたいとき、まずはブラウザを立ち上げて検索という「操作」をします。このときに働くものは、Web検索という一つのシステムです。システムそのものは目には見えませんが、それが働いた結果、欲しかった情報(コンテンツ)を手に入れることができます。

企業のWebページにもシステムは入れられています。特にFAQサイトにはFAQ専門のシステムが入っていて、ユーザーが欲しい解決策や情報を見つけ出したり、それをユーザーが見やすいように表示してくれたりします。

FAQコンテンツ側も、FAQシステムを通じてユーザーに見つけられるようにしたり、FAQシステムで見やすいようにしたりしておく必要があります。そこでFAQ制作者は、FAQシステムの機能やしくみを熟知したうえでFAQを書くほうがよいのです。

8.1 FAQシステムの導入目的とメリット

企業のFAQサイトへのFAQシステム導入は必須ではありませんが、導入して得られるメリットは非常に大きいです。そのメリットを簡単にまとめておきます。

- たくさんのFAQがある場合ユーザーが求めるFAQを見つけやすい
- ユーザーの利用状況を自動で記録し分析できる
- FAQコンテンツの管理とメンテナンスがしやすい
- SEO(*Search Engine Optimization*、検索エンジン最適化)対策ができたり、ほかのシステムと連携したりできるこれらのための機能を以下に解説します。

ユーザー向けの基本機能

FAQの検索・絞り込み

FAQシステムの多くは、カテゴリによるFAQ分類(絞り込み)とキーワードによるFAQ検索機能を提供しています。これらはユーザーがFAQを絞り込んだり見つけたりすることが簡単にできるように画面上でわかりやすく提示されています。

キーワード検索機能は、キーワード(単語)を使って関連するFAQを探せる機能です。ユーザーの頭に浮かんでいる困りごとなどのキーワードを入力すれば、該当するFAQをすべてリストアップします。

カテゴリは、FAQを絞り込んでいくしくみです。FAQ群を分類し階層的にまとめて表示することによって、ユーザーがたくさんあるFAQの中から目的のものを絞り込んで見つけやすくしています。

FAQの閲覧

キーワード検索やカテゴリで絞り込まれたFAQ(群)は、画面上に一覧表示されます。FAQ一覧はQだけリストアップされるものと、QとAがペアでリストアップされるものがあります。リストアップされたQの一つをクリック(タップ)すると、Aが展開して回答文がすべて読めるというものが多いです。

FAQの自動ランキング閲覧

ユーザーがなにも操作しなくても、ブラウザ画面上にはアクセスされる数が多い順にFAQが自動的にリストアップされています。もちろんユーザーはその中のFAQを開いて見ることができます。ランキングリストなので、多くのユーザーの利用状況によってリアルタイムに変化もします。多くの場合、キーワード検索の結果やカテゴリで見るFAQリストもアクセスが多い順に表示されます。

FAQ制作者向けの基本機能

FAQの管理

FAQシステムは、サイトに掲載するFAQの管理・編集機能を持ちます。複数のFAQの一括登録(アップロード)、FAQごとの個別の編集、FAQの削除、FAQとカテゴリの関連付け、キーワード検索用の同義語辞書の登録など多くの機能が備わっています。

また登録しているFAQをCSV(*Comma-Separated Values*、カンマ区切り)形式にダウンロードする機能もあり、最新のFAQ状況を手元のパソコンで見ることができます。

FAQの分析

FAQシステムの多くには、第7章で述べたFAQ分析の機能がそろっています。ユーザーの利用動向分析のための情報収集や計算も、多くのFAQシステムは自動で行っています。

分析結果は、時系列付きのグラフや表などの見やすい形式で閲覧できます。FAQ制作者は手作業で集計する必要なく分析結果を毎日閲覧できるので、FAQの制作や管理に専念できます。

FAQサイトのUI設定

FAQサイトの操作仕様などを設定できるものもあります。多くはユーザーに直接関係がある検索方式です。ユーザーが検索操作するときのシステムの動きや判断などを設定します。

FAQサイトそのもののレイアウトや色、フォントなどのUIデザインができるものもあります。Webサイトを作る知識があれば、FAQシステムを使ってFAQ制作者が企業独自のデザインのFAQサイトを制作できます。

アカウント・操作管理機能

FAQ制作者がFAQシステム上で上記のような機能を使うには、アカウントを持ちFAQシステムにログインする必要があります。ログインするアカウントにはたいていいくつかの権限の種類があり、それによってFAQシステム内で可能な作業が異なります。権限によってはアカウントそのものを作ったり、操作したりすることもできます。

FAQシステムの基本機能以外の機能

Web検索からの導線とSEO対策機能

困りごとや知りたいことがあるユーザーがGoogleのようなWeb検索で情報を探すのは日常のことです。多くのFAQサイトもそういった期待に応えて、Web検索からでもきちんとFAQが見つかるようなしくみになっています。

Web検索エンジンは、さまざまなWebサイトにあるFAQのようなコンテンツのテキストを頼りに、該当する情報のあるサイトを検索します。したがってFAQの文の質が高いことはWebからの検索にも有効です。

またWeb検索でFAQが見つかりやすいということはサイトのSEOにも有効です。サイトに導入したFAQシステムが自動でSEO対策ができるタイプのものであれば、企業のサイトをユーザーによるWeb検索結果の上位に持ってくることができます。

チャットボットなどのヒューマンライクなUI

チャットボットは、ユーザーがチャットするように自由に質問すると、対話をしながら最適なFAQに導いてくれるしくみです(**図8-1**)。FAQサイトは各社でデザインや使い勝手が異なるのに対して、チャットは多くの人

図8-1　人と対話しながらFAQに導くチャットボット

に親しまれているUIなので、FAQを探すしくみとしてもユーザーに使いやすく、FAQを探すハードルを下げるという存在意義があります。

最近はチャットボットの提供ベンダーもたくさんあり「対話の技術」もさまざまです。またFAQシステムそのものがチャットボットをセットで備えている場合もあります。

CRMシステムとの連携

CRM（*Customer Relationship Management*、顧客関係管理）とは、企業にとって重要な顧客・潜在顧客へのマーケティング活動のために、顧客情報・顧客接点・行動や応対・購買履歴を管理し分析する考え方です。そしてCRMシステムはそれをサポートするしくみです。FAQシステムをCRMシステムの一部と考える企業も多いです。

FAQシステムも独自でCRM機能を持っていたり、他社のCRMシステムと情報連携できたりするものもあります。FAQとCRMが情報連携することでお互い収集したデータや分析値を参照し合い、それぞれの機能に活かすことができます。

CRM側でも情報の活用や分析が正確で緻密であるほうが歓迎されるので、連携するFAQシステムとFAQコンテンツの質が高いほど価値のある連携の効果を出せます。

8.2 FAQシステムとFAQを活かす基礎知識

ここから、FAQシステムでFAQを活かす基礎知識を述べます。これはFAQでFAQシステムを活かす知識でもあります。FAQの質について、システム面での重要性を理解できます。

キーワード検索機能を活かす

キーワード検索機能は、ユーザーが指定したキーワードに一致する言葉を含むFAQをリストアップするものです。この機能の上手な活かし方を述べます。

テキストマイニングを利用する

この検索機能は、テキストマイニングという技術を使っていることが多いです。大量のテキストデータから特定の文字または文字列(以下、キーワード)と一致するものを瞬時に見つけ出すしくみです。WordやExcelなどのソフトにもある「検索」機能をイメージするとわかりやすいでしょう。

このキーワード検索をうまく利用するために、FAQを書くときには、ユーザーが検索する際に使いそうな言葉をFAQに入れます(**図8-2**)。基本的にはFAQの文は、語彙を適切に増やしておくとより検索されやすいです。

キーワード検索の対象をQにする

FAQシステムのキーワード検索は、QかA、あるいは両方を検索の対象とすることができます。お勧めは、検索対象をQのみになるようにFAQシステムを設定しておくことです。それを意識してQの質を高くしておきます。

FAQサイトによっては、検索対象をQとA両方にしているところが多いです。これでは検索の対象が多すぎて、ユーザーの検索に対して関係のないFAQがたくさんリストアップされる可能性があります。検索結果が多いとユーザーがなかなかFAQを特定できない原因になります。

第3章で述べたようなQの書き方を突き詰めていけば、検索対象はQだけで十分です。

図8-2　キーワード検索とFAQの語彙の関係

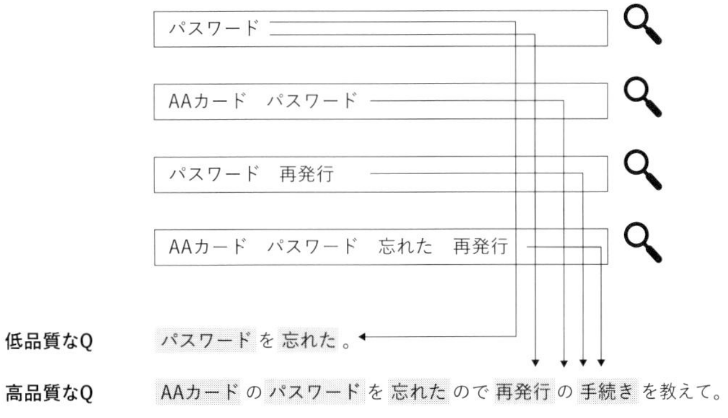

複数単語でのキーワード検索機能を活かす

キーワード検索では、一つの言葉だけではなく複数の言葉をキーワードとしてFAQを探せます。これも多くのFAQシステムでは標準的な機能です。

and検索

ユーザーが早く正確にFAQを見つけたい場合は、複数の条件、すなわちキーワードを複数入力し「それらのキーワードすべてに該当するFAQ」という探し方をすると思います。FAQシステムもキーワード検索で単語が複数指定された場合、指定された単語がすべて含まれているFAQを探す「and検索」をします。このしくみによって、ユーザーが単語を駆使して検索するほどFAQを絞り込んでいけます。

そういったユーザーのことを考えると、FAQはたとえば6W1Hになるように書くほうがより検索で見つかりやすいと言えます。たとえば、下記2つのQがあるとします。

Before

Q1：送料はいくら？

After

Q2：新鮮パックを冷凍、急ぎ便でお願いする場合の送料を教えて。

- 1ワード検索：「送料」→Q1もQ2も見つかる
- 2ワード検索：「送料　急ぎ便」→Q2だけ見つかる
- 3ワード検索：「送料　急ぎ　冷凍」→Q2だけ見つかる

ユーザーがいくつものパターンで検索すると考えた場合、Q2のほうがより見つかりやすいことがわかります。

or検索

キーワード検索でユーザーが複数単語を指定した場合に、FAQをor検索するように設定されたサイトを見かけます。or検索の場合、FAQシステムはユーザーが指定した複数のキーワードのいずれか1つが含まれるFAQをすべてリストアップします。

and検索ではユーザーがキーワード指定をたくさんするほど、見つかるFAQは絞り込まれます。一方or検索ではユーザーがキーワード指定をすればするほど、たくさんのFAQが見つかります。

ユーザーがキーワードを複数指定するときは、「○○かつ○○の条件のFAQ」というようにFAQ絞り込みを期待しているはずです。それはWeb検索（たとえばGoogle検索）での習慣でもあるからです。ところがor検索では、ユーザーがキーワードを増やすほど、検索結果が増えてしまうことになります。

FAQシステムでor検索に設定しているのは、極力検索されるFAQを増やすための手段です。企業のFAQ制作者には失礼なのですが、FAQの質をまだ高めていないために、or検索に設定せざるを得ないのかもしれません。まずFAQの質を高めたうえで、キーワード検索はand検索に設定することをあらためてお勧めします。

自然文検索と形態素解析について知っておく

キーワード検索機能には、単語でのキーワード検索だけではなく、自然文でFAQを検索できる機能もあります。

自然文検索機能とは

まず自然文とはなんでしょう。

- 「服が配達されたけどサイズが違うよ！」
- 「解約した場合、すでに払っているお金は戻るの？」

といったような、日常で人が人に話すような自然な文体です。こういった文でも検索できるのが自然文検索機能です。なお自然文検索はチャットボットやGoogleなどのWeb検索の場合では若干考え方が異なるので、ここではFAQシステムにおける自然文検索として述べます。

多くのFAQシステムにおける自然文検索のしくみは、次の2段階の手続きを踏んでいます。

❶自然文（全文）でFAQの検索をする

❷さらに自然文から単語を取り出してFAQの検索をする

自然文から単語を取り出す際は、形態素解析を用います。たとえば**図8-3**のような処理です(形態素解析エンジンによっても結果は異なります)。図を見れば、自然文検索と言っても、FAQから見れば単語でのキーワード検索(テキストマイニング)です。やはりFAQシステムが複数の単語でand検索していることを踏まえて、適切に語彙を含んだFAQを書くことがポイントです。

自然文検索のチャットボットでの応用

自然文検索は、ユーザーとシステムが自然な対話ができるチャットボットに取り入れられています。チャットというUIでは、自然文での入力でFAQを見つけられたらユーザーに親和性が高いと企業は考えるようです。チャットボットの場合でも、上記の自然文検索のしくみは変わりません。

チャットボットももちろんFAQを探す目的で使われるので、探されるFAQは質が高いほうがよいのです。もしチャットボットを導入しても多くのユーザーがうまくFAQを見つけられない場合は、やはりFAQの文の質を見なおす必要があります。

図8-3　形態素解析をするテキストマイニングが自然文検索

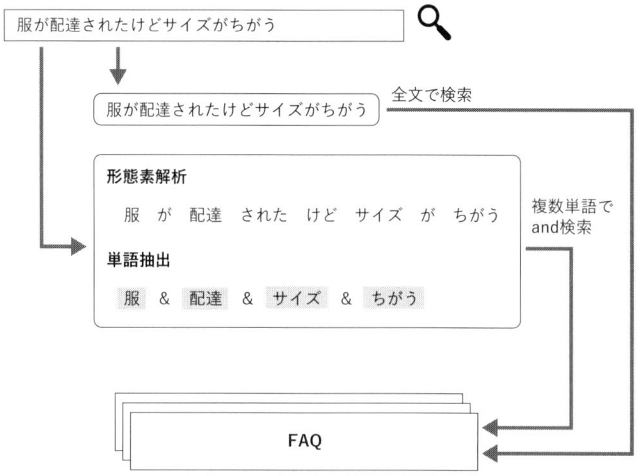

同義語検索を活かす

キーワード検索は、ユーザーが任意に(ある意味好き勝手に)指定した単語または自然文から抽出した単語、または自然文そのものが完全一致した言葉を含むFAQをリストアップします。

ただし言葉が完全に一致しないとFAQは見つからないという結果になってしまいます。どんなに質が高いFAQでも、ユーザーが任意に入力するキーワードすべてに応えることはできません。

この問題を解決するのが同義語検索(類義語とも言います)機能です。

同義語検索のしくみ

同義語検索のしくみは**図8-4**のとおりです。

❶ユーザーの指定したキーワードを同義語辞書で変換する。変換後は複数のキーワードとなる

❷上記の複数のキーワードを使ってFAQを検索する。キーワードのどれかが含まれているFAQをピックアップする

同義語検索機能を活かすためには、まず第7章で述べた標準単語と同義語の整理が必要です。

図8-4　見つけられる可能性を広げる同義語検索機能のしくみ

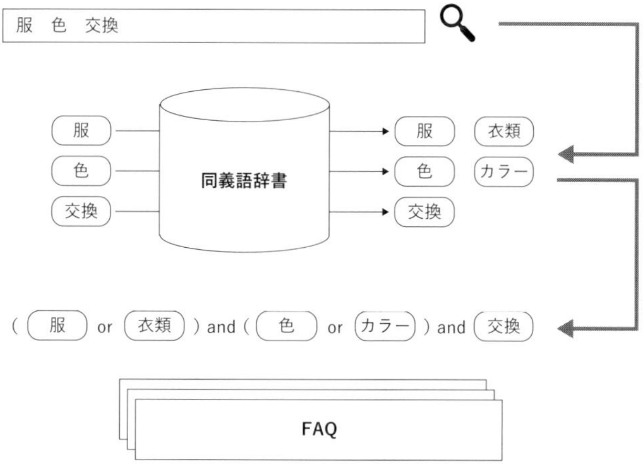

同義語検索の便利な使い方

同義語検索機能をうまく使うと、一般的には同義語とみなさない単語でも、FAQサイト内に限っては同義語としてヒットさせることができます。ユーザーがキーワードで指定しそうな単語がFAQの文には使われていない場合などに、その単語を同義語に登録しておきます。

表8-1は一つのアイデアですが、このように同義語登録をしておくと、ユーザーが「M」で検索すると「サイズ」に関するFAQが見つかるといった恣意的なしくみもできます。たとえば衣料系の通販サイトのFAQで、サイズと言えば洋服のサイズのこと、色と言えば洋服の色のことを限定的に表す場合などは使えます。

FAQシステムの同義語検索を利用してユーザーの検索力をどう補うかは、FAQ制作者のアイデアしだいです。

複合的な検索を活かす

ここまでキーワード検索や複数単語でのand検索、そして同義語検索について述べました。FAQシステムはこれらの機能を同時に利用することもできます。複数語でand検索しつつ、同義語もカバーしながらFAQを探す、といったことができます。

たとえば、**表8-2**のように同義語を準備しておきます。また以下のようなFAQがあるとします。

表8-1　同義語に登録する単語の例

標準単語	同義語（ユーザーが探しそうな言葉）
サイズ	大きい、小さい、S、M、L
色	青、赤、ブルー、レッド、白、ホワイト

表8-2　同義語辞書（同義語表）

標準単語	同義語
スマホ	スマートフォン／Smartphone／スマートホン／すまほ
メアド	メールアドレス／eメール／電子メール／めあど
手続き	てつづき／方法／手続／やりかた
契約	入会／エントリ／にゅうかい

Q： スマホからメアドを使った契約の登録手続きを教えてください。

ユーザーがキーワード検索で、

入会　スマホ　メールアドレス

のように複数の単語で検索した場合、同義語辞書によってまず次のように標準単語が参照されます。

契約　スマホ　メアド

この3つの標準単語で上記のFAQで使われている単語と完全一致するので、FAQは見つかります。またand検索であればピンポイントでこのFAQが見つかります。

ユーザーにはより自由に検索してもらいそれでもちゃんとFAQが見つかるようにするには、こういったしくみとテクニックを知っておくと便利です。無論、検索される側のFAQの質が高いからこそこういったしくみを活かせます。

タグ付け機能を知っておく

タグとは、FAQごとに付けられるふせんのような目印で、通常1つのFAQに複数付けられます。タグはFAQの文に表面上見えなくてもよいので、メタタグと呼ばれることもあります。

タグ検索機能

FAQシステムによっては、上記のキーワード検索とは別にタグ検索機能を持っているものがあります。

キーワード検索の対象はFAQの文内の単語（文字列）ですが、FAQにタグが付いているとそのタグも検索対象にできます。FAQシステムによっては、キーワード検索の際にまずFAQ文にあるかどうかを確認して、もしFAQが見つからなければ今度はタグを検索するというような優先順位を付けられるものもあります。

いずれにしても、ユーザーからするとキーワード検索でよりFAQが見つかりやすくなるしくみなので、FAQ制作者はこちらの機能や設定も知っておくことでよりユーザーの検索に役立ちます。

SEOへの応用

タグは、SEO対策にも役に立ちます。Googleのような検索エンジンは、サイトにあるFAQのようなコンテンツのテキストを頼りにサイト検索するとともにタグも頼りにします。

FAQにタグ付けしておくことで、Webからも検索される確率は高くなります。その結果サイトが検索上位に上がってくることで、SEO対策に一役買います。

FAQを高い質で書いておくとともにタグ付けを併用することで、サイトの内外から検索により答えやすくなっていきます。

カテゴライズ機能を知っておく

カテゴライズについては第6章で述べたとおりです。ここではFAQシステムでの理想とするカテゴライズを検討するうえで知っておくべきことを簡単に述べます。

カテゴライズの検討はFAQシステム上で行うのではなく、必ず机上(Excel上でもよい)で行います。FAQシステム自体は、カテゴライズの試行錯誤(ああでもないこうでもないと悩む)がやりやすいようには作られていません。まず手元で理想とするカテゴリの形を試行錯誤し、机上で作り上げたカテゴリでFAQシステムに設定していきます。

机上でカテゴライズする際は、当然ですがFAQシステムのカテゴリ仕様について次の点を押さえます。

- 階層構造のカテゴライズができるか？
- 階層の深さの制限は？
- 各階層のカテゴリ数の最大は？
- 1つのFAQは複数のカテゴリに所属できるか？
- 1つのカテゴリは複数のカテゴリの配下に所属できるか？
- すべてのカテゴリがすべてのカテゴリ配下に所属できるか？
- カテゴリ構造をユーザーは画面で俯瞰できるか？

- カテゴリタイトルの重複はしてよいか？
- カテゴライズやカテゴリタイトルは運用中いつでも変更できるか？

このようなFAQシステムのカテゴリの仕様を押さえたうえで、それらをうまく利用したカテゴライズやFAQの投入計画を立てます。

もちろんカテゴリの仕様でできることをすべてFAQサイトで利用する必要はありません。ユーザーが直感的に絞り込んですばやくFAQを見つけられるカテゴリを考えればシンプルなものがお勧めです。

FAQ分析機能

ユーザーのFAQサイト利用状況を自動でリアルタイムに分析できる機能は、FAQシステムの大きな特徴です。FAQ制作者やカスタマーサポート担当者は、FAQサイトの分析結果を見やすい帳票やグラフでいつでも閲覧できます。

多くのFAQシステムには、多業種での過去の事例やカスタマーサポート、コールセンターなどの経験に踏まえたさまざまな分析の計算式が取り入れられています。大げさに言うとFAQシステムはカスタマーサポートやマーケティングのコンサルが付いているようなものかもしれません。

さまざまな分析値の提示

FAQ制作者は、FAQサイトの方向性と照らし合わせて分析機能の有用性を見極められます。FAQ制作者が最低でも欲しいFAQの利用状況分析は、

- 回答到達率
- 問題解決率
- 回答アンケート返答率
- FAQ閲覧ランキング
- キーワードランキング

といったものだと思います。

その分析値の元となっているリアルタイムなデータや過去の履歴も見られることが望ましいです。過去履歴を見る必要があるのは、ユーザーの利用動向には季節変動があるためです。分析値の比較は年単位で、たとえば

前年同時期との比較といった中長期的なFAQの改善度合いの見かたもできます。

分析機能のカスタマイズ

企業が考えるFAQサイト利用の方向性に応じて、FAQシステムに標準で見ることができる分析値以外にも見たいデータがあります。たとえば、カスタマーサポート以外に経営やマーケティング視点でなにかを分析したいといったこともあるかと思います。FAQシステムにそういった分析機能は標準ではありませんが、カスタマイズして開発してもらうことができるかをFAQシステムのベンダーに相談してみましょう。

FAQシステムはWebシステムの一つなので、さまざまなログを収集しています。それらから計算できるものであれば分析を出すのは可能です。ただしその場合は、元となるデータ、データと分析値の関係性や意義、そして計算の公式を正確にシステムベンダーに伝える必要があります。もしかしたら企業が考える以上の良い提案を、システムベンダーのほうがしてくれるかもしれません。

できる分析とできない分析

FAQシステムで自動で分析値やグラフの提示ができるのは、それらの元となる細かいデータを常にサイトで収集しているからです。

分析には、元となるデータが取得できることと、計算式があることが必要です。データが正確で計算式が理にかなっていることは当然ですが、その両方がそろっていれば、コンピュータはどんな分析でも瞬時に行えます。分析自体はコンピュータの得意分野だからです。

しかし分析が得意なコンピュータでもできないことはあります。たとえば、ある商品が将来売れるかどうかの分析などです。なぜならば、元となるデータとその計算式がそろわないからです。

FAQシステムも万能ではありません。もちろん、過去のカスタマーサポートの知見を網羅して必要最低限のものは備えています。しかしそれを超えるものが欲しい場合は、まずその知見やノウハウをFAQシステムベンダーに明示して協議する必要があります。

8.3 FAQシステムの採用

FAQシステムは、ユーザーの自己解決を極力高めたい企業にとっては非常に便利なシステムです。FAQシステムベンダーはたくさんあるので、採用する企業側は選定に労力を使いますが、ユーザーの自己解決率向上やFAQサイトの存在意義、ひいては莫大なコスト削減(ユーザー、企業双方で)が期待できれば、選定にかかる労力は無駄ではありません。FAQシステムの選定を無駄にしないためにも、まずFAQシステムベンダーと明確な期待値、明確な将来像を協議しておきます。

FAQシステム要件の整理

企業はFAQシステムを導入するにあたり、導入要件を具体的に列挙しておくのがよいです。「具体的」にという点が重要です。これが整理できないと、FAQシステムベンダーに企業側のビジョンが見えません。

- ×多くのユーザーがFAQを見つけられること
- ×多くのユーザーが満足すること
- ○回答到達率L%を到達できること
- ○Aの文を読んだユーザーのM%はアンケートに答えること
- ○ユーザーのうちN%は「問題が解決した」と答えるようになること

上記の×のようなあいまいで解釈に誤差が出そうな要件ではなく、○のように具体的かつ定量的に列挙します。

要件の大切な点は、FAQサイトを運営する企業も、FAQシステムを提供するシステムベンダーも両者で一緒に成果を求めていくものであるということへの気付きです。したがってFAQシステム導入当初に満たす短期的な要件ではなく、運用しながら中長期的に満たしていく要件を、企業とシステムベンダーでまとめておくことをお勧めします。

要件を満たすのは、FAQシステムだけではなく、FAQコンテンツの準備、FAQサイトへの導線やWebサイトのデザイン、FAQの分析とメンテナンス、コールセンターとの協力体制、カスタマーサポート全体の体制といった要素も絡んできます。要件をまとめていく中で、企業とFAQシステムベンダーとの共同作業の部分や役割分担が見えてくると思います。

ちなみに、企業側のシステム導入責任者が最も陥りやすいミスは「機能依存」です。たとえば、「AIなら勝手に自己学習して賢くユーザーの問い合わせを解決してくれる」といったSFのような考え方です。そういった期待を持って導入要件の話をしてしまうと、システムベンダーへの負担が大きい機能要件になり、無理にかなえようとすると企業側にも莫大なコストがかかってきます。

AI要件の検討のしかた

企業の要件の事例として多いのが「AI機能」というものです。要件に挙げるのはよいのですが、AIについて具体的な文言で定義したほうが、企業もシステムベンダーも安心して前に進めます。

- ×AIができること
- ×自動で学習して問題を解決できるようになること
- ○人気キーワードとFAQのヒット率で自動的にFAQランキングを作ること
- ○閲覧率N%を境にFAQの表示・非表示を自動で行うこと

やはり×で示すような表現では具体的に進められません。○で示したように、具体的に期待する要件を企業とシステムベンダー共同で試行錯誤します。もちろん要件はもっとあると思います。

共同での検討の前に、次のようなFAQサイトの目的を具体的に共有します。

コールセンターのお問い合わせコール数を50%削減する。

AI要件検討を共同で行う理由は、企業が挙げた目的をかなえるためにシステムベンダーが持っている技術知識や技術力もベースにして考える必要があるからです。企業だけで一方的に考えたAI要件は、上記の×のようになりがちです。システムベンダーも同席してAI要件自体を検討すれば、企業だけで考えそうな非現実的な要件が、技術的にも実現可能なものに変わっていくはずです。

そしてこのAI要件をどのように達成していくか、つまり完全自動化するかそれとも人の手も借りるのかなど含めて、方法を一緒に検討します。無論FAQ(QとA)を高い品質にするのは人の作業として必須要件です。

チャットボット

カスタマーサポートの世界では、AIと言うとチャットボットを指すこともあります。このチャットボットの導入時の注意点なども述べておきます。

自然な対話をしながらユーザーを問題解決に導くタイプのチャットボットはAI的と受け止められています。チャットボットで本当に人と人が対話しているようなものを実現するなら、非常に煩雑でたくさんの準備とチューニングが欠かせません。本章の初めのほうでも触れた自然語検索の技術だけでは実現できないからです。高度なものは使えるようになるまでに大きなコストがかります。

一方でユーザーが提示された選択肢をセレクトしていくだけのタイプのシナリオ型のチャットボットもあります。こちらは単純な分、作るのは簡単です。上記の自然語での対話ができる高度なチャットボットに比べると、シンプルな操作なので手軽に使ってもらえる傾向にあります。

ただしシナリオ型のチャットボットでも、選択肢(シナリオ)の設計にはセンスが必要です。小さな画面内でユーザーが直感的にさくさく選べるような選択肢の数とタイトル、ステップの深さを吟味する必要があります。

FAQサイトでチャットボットを使う際は、たどり着けるFAQは多くても数十件にしておくことをお勧めします。そしてその数十件のFAQにおいてはユーザーの自己解決率を限りなく100%に近くなるように推敲を重ねて質を高めます。対象のFAQが多いとチャットボットのメンテナンスが大変ですし、ユーザーの期待を裏切る率も高くなります。

FAQサイトをコンビニにたとえると、チャットボットはその店頭に置いている自動販売機ぐらいの関係性がちょうどよいと思います。それでもチャットボットが受け持つ数十件のFAQは、問い合わせの最も多い順から数十個なら、チャットボットだけでも大半のユーザーは自己解決できるようになるでしょう。

未来のチャットボットの要件

FAQ制作者がチャットボットで成果を出すために現実的な話を述べておきます。

チャットボットにSF映画のロボットのように自然な会話をさせようとすればするほど、なぜかユーザーの評価はどんどん厳しくなる傾向にあります。それでもチャットボット自体がだんだんとユーザーを理解し、いわゆる「自己学習」で賢くなるという発想はあります。

ただ基本に立ち返ると、チャットボットを賢くすることはカスタマーサポートやFAQの目的ではありません。ユーザーの自己解決率向上が目的です。カスタマーサポートにおいては「賢い」チャットボットを追求するのではなく、ユーザーの自己解決率が高くなるFAQの質を追求しましょう。そしてチャットボットの役目はユーザーをいかにスムーズにそのFAQに誘導できるかという要件です。それを企業とベンダーで協議することをお勧めします。

FAQシステム設置環境

FAQシステムの設置環境について述べます。昨今FAQシステムは、ほとんどはSaaS(*Software As a Service*)という形でFAQサイトに提供されます。FAQシステム本体は、手元のPCやスマホには存在せずクラウド、つまりインターネットのどこかに存在します。クラウドではなく企業内や企業が契約しているデータセンターにFAQシステムをインストールする場合もありますが、普及型のFAQシステムでは非常にまれです。

クラウドでの提供に不安を感じる企業もまだまだ多いのですが、企業が自前でサーバ設備を管理しようとすると、場所の問題、物理的なコンピュータの連続稼働や基本ソフトの保守メンテナンス、ネットワークへ設備の安定性の確保、といった労力はすべて自社で負担しなければなりません。またFAQシステムのSI(*System Integration*)費、ライセンス費、保守費などが高額になってしまいます。

その点クラウド上のFAQシステムだと保守上の面倒は一切なく、セキュリティもほとんどは国や国際的な規格に準拠して保たれているので、総合的にはだいぶコストパフォーマンスは上です。サブスク型(月額精算など)の料金体系なので、予算的にも安心という面もあります。

多くのFAQシステムは、特別なソフトウェア(一昔前はクライアントソフトといった)をインストールすることなく、手元のPCやスマホで利用できます。システムベンダーから提供されるURLに一般的なブラウザでアクセスすれば、FAQ制作者(IDとパスワードでログインできる人に限定できます)はもちろん一般のユーザーもFAQサイトのサービスをすべて使えます。

おわりに

本書の執筆にあたり

本書を最後までお読みいただき、いかがでしたでしょうか。内容のほとんどは、うなずけるものだったのではないかと思います。もし目からうろこが落ちたように感じたとしても、本書の内容が特別なものというわけではなく、皆さんがこれまでFAQの質についてあまり気にしなかっただけです。

これまで気にしなかったことに気付き、気付いたことをそのとおりに行い、行ったことで思いがかない、思いがかなってみんな幸せになれたら、筆者もうれしいです[注1]。

本書は、言葉や文についてFAQをテーマに扱っています。できるだけ多くの人がわかりやすくなるようになんども「推敲」しました。

ただし本文でも触れましたが、文にした言葉や表現は陳腐化します。本書の内容も同じです。今後必要に応じて改訂する必要もあるでしょう。

翻って世の中のFAQを見れば、改訂するべきものがWebのいたるところにあります(良くないコンテンツの取材ネタには事欠きません)。FAQは、その気になれば本に比べて圧倒的に早く改訂できます。本書の改訂を待たずにWebサイトの改訂が進むことを切にお祈りします。

念のため言っておくと、本書に掲載した「よくあるFAQ」のサンプルは特定の企業から拝借したものではありません。また文中の企業名・個人名・商品名なども架空のものです。もしどこかのFAQと瓜二つだったり、個人の経験とまったく同じでしたら悪しからず。本書を前向きに参考にしていただければ幸いです。

質の高いFAQの先

質の高いFAQはユーザーの自己解決を促し、その結果コールセンターのコール数を緩和できます。ではコールセンター従事者は仕事がなくなってしまうのでしょうか。

注1　井上ひさし「むずかしいことをやさしく、やさしいことをふかく、ふかいことをおもしろく、おもしろいことをまじめに、まじめなことをゆかいに、そしてゆかいなことはいっそうゆかいに」のオマージュです。

そんなことはありません。賢明なマネージャーは、コールセンターで電話量が緩和されたことで応対の考え方を転換できます。一定時間内の対応コール数を増やすことはやめにして、コールごとのトークにゆとりを持たせることで、サービスレベルと企業イメージを上げる方向に転換できます。なにしろコールセンターの命題は対応量ではなく、お客さま満足度という質なのですから。

そして質の高いFAQやナレッジを生む、専門ライターという新たな職種が生まれます。企業内では社内ナレッジ専属の部門ができるでしょう。コールセンターのオペレーターにはうってつけのスキルです。雇用の受け皿にもなります。その職を目指す学生も増えると思います。

辞書や辞典、そして書籍を編纂する職業は以前からあります。編纂する対象を特定の商品やサービスに絞ったFAQや、企業内の業務知識を共有するナレッジを作る専門職は、その貢献度の大きさを考えるととても存在意義が大きいです。

筆者からのお返し

筆者は、幸運にもAIの周辺技術、FAQやナレッジ、そしてカスタマーサポートに長年に渡り深く関わることができています。さらに幸運なことに、システムやサービスの貢献度の要素として、「FAQコンテンツの質」という種(たね)を見つけました。またまた幸運なことに、志の高いお客さまや仕事のパートナーに恵まれたことで種は芽を出し、実証実験・導入・運用での試行錯誤を繰り返して実際のサービスで結実しました。

特にFAQコンテンツは、システムを活かすだけではなくユーザーの問題も解決し、運用者も助けます。そこで筆者の経験に基づく成果は広く知っていただきたいと思ったしだいです。カスタマーサポートの現場で収穫したこの果実をさらに多くの方々に広げていくためにも、筆者はこれからもFAQやナレッジの質を追求する活動を続けていきます。

ここまで筆者を導いてくれた人たちへの恩返しとして、そしてここまで読んでいただいたみなさまへの深い感謝の気持ちとして、このことをお伝えいたします。

索引

数字

2:8の法則 …… 33, 202
6W1H …… 27, 51, 137, 221

A

A …… 9
　質の高い〜 …… 24
AI機能 …… 244
AI要件 …… 244
and検索 …… 234

C

CPC …… 12
CRM …… 232
CRMシステム …… 232

F

FAQ
　〜の閲覧 …… 229
　〜の管理 …… 230
　〜の検索 …… 229
　〜の自動ランキング閲覧 …… 229
　〜の絞り込み …… 229
　〜の分析 …… 230
　〜分析機能 …… 241
　〜を更新(推敲)する …… 216
　〜を削除する …… 219
　〜を追加する …… 215
　カテゴリ不要な〜 …… 202
FAQサイト …… 2
FAQサイト運営 …… 11
FAQサンプル …… 171
FAQシステム …… 11, 228, 243
　〜の設置環境 …… 246
FAQシステムベンダー …… 243
FAQ制作者 …… 34, 178

G

Google …… 240
Google Analytics …… 210

K

KAM …… 5
KM …… 5
KPI …… 38, 205, 209
KPIの数値目標 …… 39

O

or検索 …… 234

P

PC …… 174
PV …… 210

Q

Q …… 9
　〜の基本文体 …… 22
　質の高い〜 …… 20

S

SaaS …… 246
SEO …… 240
SEO対策機能 …… 231

U

UI設定……230

V

VOC……31, 206

Y

Yes/Noクエスチョン……62-63

あ行

アカウント機能……230
アクセスランキング……212
アルファベット……173
アンケート……211
異形化……83
維持値……205
一意の文……26
一問一答……26, 50, 104
イラスト……162
　～を駆使するテクニック……164
インデックス化……82
運営コスト……220
エアコン……174
オウム返し……122

か行

階層型カテゴリ……191
回答到達率……38, 177, 210
回答文……9
回答未解決ランキング……213
ガイドライン……37, 168, 205, 209
　～の管理……177
かかり受け……27
箇条書き……144-145
　～にするテクニック……147
カスタマーサポート……2
カスタマーサポートコスト……223
カタカナ……173
カテゴライズ……180, 240
　質の高い～……183
カテゴリ……10, 229
カテゴリタイトル……182, 186
カテゴリランキング……213
漢字……172
記号……97, 150, 176
技術用語……94, 176
季節変動……223
機能依存……244
基本構文……175
行数制限……172
キーワード検索……233
キーワード検索機能……229
緊急カテゴリ……201
クラウド……246
形態素解析……236
権限……230
検索……10
検索キーワードランキング……213
顧客満足度……3
言葉遣い……28
言葉の統一……81
コールセンター……2
　～のナレッジ……16
コールセンター白書……6

コールリーズン……31
コールリーズン分析……33, 198

さ行

最大文字数……171
作業負担……220
作文ルール……170
サービス用語……176
サブスク型……246
シェイプアップ……97
嗜好分析……214
自己解決……2-3
自己解決率……38
自然な対話……245
自然文検索機能……235
質問文……9
自動音声……4
自動販売機……245
シナリオ型……245
シナリオライター……15
視認性……23, 77-78
写真……162
写真付きメール……217
写メ……217
条件分岐……102-103
承認者……178
商品用語……176
ジョージ・A・ミラー……184
深度……88
シンボル……97
スパイクコール……201
スモールスタート……208
ゼロ件ヒット……213
全角……173
専門用語……94, 176
造語……217
操作管理機能……230
装飾……150
俗称……217
ソート型カテゴリ……199

た行

対応履歴……30
タグ……239
タグ検索機能……239
短文……98
短文化……29
チャットボット……15, 231, 236, 245
直帰率……210
陳腐化……205
通称……174
通販……174
定型文……221
テキストマイニング……233
同義語……213
同義語検索……237
同義語辞書……218
投資費用対効果……13
特殊文字……176

な行

ナレッジ
　コールセンターの～……16
ナレッジアセット（財産）マネジメント……5

ナレッジマネジメント 5
ネガティブな回答 65

は行

場合分け 102-103
パソコン 174
パターン化 82
パレートの法則 33, 202
半角 173
標準単語 216
標準単語表 170
ひらがな 172
品質責任者 34
フィードバック 204
復唱 65, 118
分析 10, 204
分析機能のカスタマイズ 242
分析値 209, 241
　～を比較する 223
分析レポート 30
文体 175
ヘルプデスク 5

ま行

マニュアル 31
マルチカテゴリ 196
メタタグ 239
メンテナンス 10, 204
目標値 205
文字数制限 172
問題+解決案 21, 44, 175
問題解決率 39, 177, 210

や行

「役に立った」 211
ユーザーターゲット 31, 169
ユニークユーザー 210
用語統一 28, 222
よくある質問 2

ら行

ランキング 206, 212
離脱 19
リテラシー 16, 213, 217
略語 174, 217
略称 29
粒度 88
利用状況 35
利用デバイス 169
リンク 155
類義語 237
レコメンド 198
　恣意的な～ 198
レコメンド型カテゴライズ 198
レシピノート 168
レビュー 35
ロングテール 33, 219-220

●執筆者プロフィール

樋口 恵一郎（ひぐち けいいちろう）
ハイウエア株式会社代表。FAQコンサルタント

開発者、通信機器SEを経て2007年からはWebサービスやFAQを中心としたコールセンター周辺技術の業務改善コンサルを進めている。サービス導入、運用を通じてAI等の周辺技術（音声認識、自然語対話、チャットボット、FAQシステムなど）に精通するも、それらを活かすのはコンテンツの質であることを実証し多くのサポートや講習を提供している。

カバー・本文デザイン…………… 西岡 裕二
レイアウト・本文図版…………… 酒徳 葉子
編集アシスタント ………………… 北川 香織
編集 ………………………………… 池田 大樹

WEB+DB《ウェブディービー》 PRESS《プレス》 plus《プラス》シリーズ

良《よ》いFAQ《エフエーキュー》の書《か》き方《かた》

ユーザーの「わからない」を解《かい》決《けつ》するための文章術《ぶんしょうじゅつ》

2021年 9月 9日 初版 第1刷発行
2022年 7月20日 初版 第2刷発行

著者 ……………………………… 樋口《ひぐち》 恵一郎《けいいちろう》

発行者 …………………………… 片岡 巖

発行所 …………………………… 株式会社技術評論社
東京都新宿区市谷左内町21-13
電話 03-3513-6150 販売促進部
03-3513-6175 雑誌編集部

印刷/製本 ……………………… 日経印刷株式会社

ISBN 978-4-297-12257-7 C3055

Printed in Japan

●お問い合わせ

本書に関するご質問は記載内容についてのみとさせていただきます。本書の内容以外のご質問には一切応じられませんので、あらかじめご了承ください。
なお、お電話でのご質問は受け付けておりませんので、書面または弊社Webサイトのお問い合わせフォームをご利用ください。

〒162-0846
東京都新宿区市谷左内町21-13
株式会社技術評論社
『良いFAQの書き方』係
URL https://gihyo.jp/(技術評論社Webサイト)

ご質問の際に記載いただいた個人情報は回答以外の目的に使用することはありません。使用後は速やかに個人情報を廃棄します。